图解仿生技术

TUJIE FANGSHENG JISHU

张明 编著

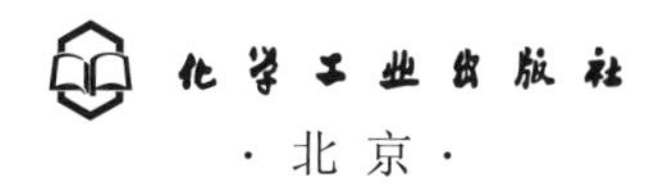

·北京·

内 容 简 介

仿生技术是利用自然的仿生原理与最前沿的科学技术手段，设计开发具备特殊优异性能的功能材料和智能材料，属于材料科学与技术最先进的发展方向之一。本书从自然界具有特殊优异性能的生物结构与组成出发，分析了仿生材料的设计理念、产品结构与功能／智能关系，阐明了仿生技术具体实施手段的作用机理、具体选用与过程参数对目标产品结构与功能／智能的影响规律，系统介绍了仿生技术在不同领域的应用，图文并茂。

本书可供新能源材料，高分子材料，环境工程，碳素材料，纳米材料，生物质资源物理、化学和医用材料等专业学生学习，也可供从事相关行业的研究、生产和管理人员阅读参考。

图书在版编目（CIP）数据

图解仿生技术／张明编著. —北京：化学工业出版社，2023.6

（名师讲科技前沿系列）

ISBN 978-7-122-43188-2

Ⅰ. ①图… Ⅱ. ①张… Ⅲ. ①仿生-图解 Ⅳ. ①Q811-64

中国国家版本馆CIP数据核字（2023）第054647号

责任编辑：邢　涛　　文字编辑：张　宇　陈小滔

责任校对：李雨函　　装帧设计：韩　飞

出版发行：化学工业出版社（北京市东城区青年湖南街13号　邮政编码100011）

印　　装：北京新华印刷有限公司

880mm×1230mm 1/32　印张6¼　字数190千字　2024年1月北京第1版第1次印刷

购书咨询：010-64518888　　售后服务：010-64518899

网　　址：http://www.cip.com.cn

凡购买本书，如有缺损质量问题，本社销售中心负责调换。

定　　价：49.80元

前　言

仿生学是通过研究自然界生物的结构、性状、行为及对环境的响应机制，继而为工程技术提供新的设计思想、工作原理和系统构成的技术科学，是连接生物与技术的桥梁。仿生技术是结合前沿科学方法与技术手段，为实现产品结构、功能及智能仿生而衍生的先进技术，属于材料科学最先进的发展方向之一。

承蒙国家自然科学基金面上项目（31770605、32171693）、吉林省自然科学基金（YDZJ202201ZYTS441）、吉林省发改委产业创新专项资金项目（2023C038-2）、吉林省优秀青年项目（20190103110JH）、科技部国家重点实验室开放基金（K2019-08，KFKT202213）、教育部重点实验室开放基金（SWZ-MS201910）、吉林省教育厅科学技术研究项目（JJKH20210050KJ）、吉林市杰出青年项目（20200104083）的资助，本课题组坚持了十年的预研和立项研究工作，以仿生技术为核心手段，做了大量关于仿生智能材料的开发尝试。坚持学科交叉融合的科学理念，并结合未来的生产技术与工业应用需求，编写了《图解仿生技术》一书。其主要特点如下：

（1）聚焦不同材料的仿生智能化制备技术

详细介绍了自组装技术、喷／滴涂技术、溶胶－凝胶技术、化学沉积技术、水热合成技术、溶剂热合成技术、真空－高压浸渍技术、磁控溅射技术、模板技术、静电纺丝技术、原位聚合技术、异相成核技术、刻蚀技术、电化学沉积技术、化学镀技术、相分离技术、3D 打印技术、冷冻干燥技术、交替沉积技术等具体实施手段的作用原理，为实现不同材料的高科技利用，提供新的途径。

（2）系统介绍仿生技术在不同领域的应用

全书包含仿生学与仿生材料、仿生技术制备特殊润湿性材料、仿生技术制备智能（响应）材料、仿生机器人与传感技术、仿生技术的发展与应用五个章节，由浅入深、图文并茂地向读者介绍了如何通过仿生技术中的各种具体实施手段及不同技术之间的交叉融合，获得一系列性能仿生与智能响应材料，并进一步予以结构与功能优化。

（3）注重学科交叉融合、体现前瞻性和先进性

本书注重多学科的科学理论交叉融合以及先进制备技术的具体运用；综述了仿生技术及合成的仿生智能材料在智能机器人、药物递送、海水淡化、结构损伤检测、可穿戴电子器件、水体净化、海上油污处理、健康监测、智能探针等领域的研究新进展；引用了国内外诸多专家学者的大量相关文献资料，并重视其研究内容的先进性、前瞻性和实践性。

感谢本课题组的研究生施镭、周凝宇、安聪聪、李正辉、郑定强和龙寿富，他们在本书的编写过程中积极、热情地做了许多有益的整理工作。最后，向关心和参与本书编写的所有同仁表示由衷的感谢！对书中所引用的文献资料的作者表示诚挚谢意！

本书是作者在参考大量国内外文献并总结所在课题组多年研究成果的基础上编写而成，内容广博，具有一定撰写难度，限于时间和作者水平，欠妥之处恳请读者不吝赐教，谨致谢忱！

张　明

2023 年 9 月

目　　录

第 1 章　仿生学与仿生材料

第 2 章　仿生技术制备特殊润湿性材料

第 3 章 仿生技术制备智能（响应）材料

第4章 仿生机器人与传感技术

第5章 仿生技术的发展与应用

第1章

仿生学与仿生材料

仿生学是一门既古老又年轻的学科，是通过研究自然界生物的结构、性状、行为以及生存环境的响应机制，继而为工程技术提供新的设计思想、工作原理和系统构成的技术科学。

1.1　仿生学简介

仿生学是一门既古老又年轻的科学，美国人 Jack Ellwood Steele 在 1960 年第一次使用这个词，来源于拉丁文“bio”（生命方式）和词尾“nic”（具有……性质），后来，“biomimetics”（模仿生物）、“bioinspired”（受生物启发而研制的材料或进行的过程）等相继出现。仿生学是通过研究自然界生物的结构、性状、行为以及与生存环境的响应机制，继而为工程技术提供新的设计思想、工作原理和系统构成的技术科学，是连接生物与技术的桥梁。

生物资源的开发随着人类认知能力的提高而不断深入。起初，人们通过比较“直观”的方式来认识生物——仅通过肉眼观察，从外形、宏观结构层面模仿和参考生物特征。例如，大禹时期，我国古代劳动人民借鉴了水中的鱼通过尾巴的摇摆来游动与控制方向，将木桨设置在船尾，并进一步改良成橹和舵，增加船的动力，逐渐掌握了使船转弯的手段；《韩非子》中记载，鲁班用竹木做鸟“成而飞之，三日不下”；我国三国时期的木牛流马。以上皆是人类仿生学的先驱，也是仿生学的萌芽。随着光学显微镜的发明，生物微观结构的神秘面纱开始被揭开，人们紧接着展开了细胞级别的认识与仿生。尤其是当扫描隧道显微镜发明之后，自然界各物质与生物组织由单个原子级别组成的认知开始被人们接受，加之纳米技术的迅猛发展，如今的仿生技术更是日新月异。

1.2　仿生材料

存在于自然界的生物体经过数（十）亿年的进化，其结构与功能已然趋近完美。例如，荷叶的滴水不沾、棉花的轻柔飘逸、海鞘的环境响应、贝壳的“砖－泥”层级结构、蝴蝶翅膀与孔雀羽毛的结构色、壁虎的“飞檐走壁”、水黾的“水上漂”、候鸟与海龟的“千里迁徙”和“万里洄游”、树根的自我修复、木材的分级多孔结构与智能性调湿调温等。因此，学习自然，模仿生物体，实现相似甚至超越自然生物体结构与功能的新型材料的仿生构筑与智能操纵，是人类发展的永恒课题。受自然界生物体启发或者模仿自然界生物体的各种结构与功能 / 智能而开发的材料称为仿生材料。仿生材料学是仿生学的一个重要分支，是横跨物理学、数学、生物学、化学、管理学、信息科学、系统科学及社会学等诸多学科的交叉学科。根据侧重点的不同，仿生材料又可以分为两类：侧重于实现特定的功能 / 智能化的仿生功能 / 智能材料，以及侧重于追求力学性能的仿生结构材料。

1.3　材料的结构仿生

1.3.1　贝壳及其层状结构

贝壳能够有效地抵御捕食者的攻击得益于其良好的韧性和优异的强度。由于其独特的“砖 – 泥”层状结构，贝壳的珍珠层更是具备优异的力学性能，如图 1–1 所示。其中，直径为 5 ~ 8μm、厚度为 0.5μm 的片状碳酸钙占珍珠层总质量的 95% ~ 97%，并像“砖”一样堆叠起来；而“泥”则为碳酸钙片层之间填充的厚度约为 20 ~ 30nm 的有机物大分子，占珍珠层总质量的 3% ~ 5%。得益于这种巧妙排列的“砖 – 泥”层状结构，当应力施加在贝壳珍珠层时，层与层之间能够产生有效的滑移，产生的裂纹因此发生偏转，消耗了应力的能量，从而使贝壳珍珠层受损程度减弱，表现出优异的强度及韧性。

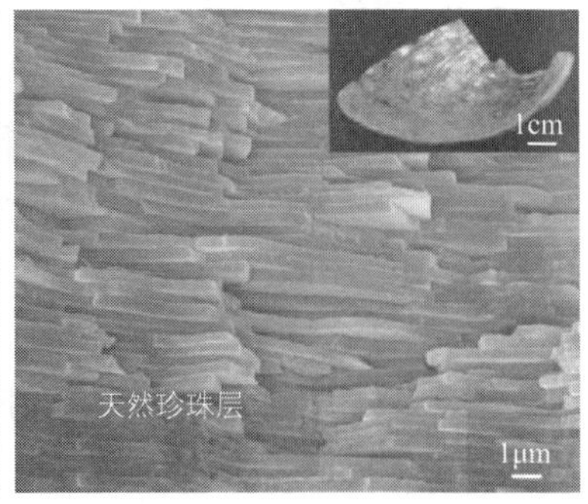

图 1–1　贝壳及其微结构

1.3.2 螳螂虾及其螯棒结构

螳螂虾因其强大的摄食附肢而被称为“恐怖的拳击手”，如图 1–2 所示。它的螯棒如同攻城锤，在几毫秒内可以达到 10400*g* 的峰值加速度和 23.5m/s 的峰值速度，在这种“拳击速度”的加持下可以轻易击碎鲍鱼坚硬的外壳。在极快的“出拳”过程中，螯棒和鲍鱼外壳之间会产生空化泡。这些空化泡在接触点破裂，瞬间释放高达 700N 的冲击波，如此强大的冲击力就要有相应的外壳去承受这样的高能冲击。螳螂虾的“拳头”，即螯棒，由冲击区、周期区和条纹区三个部分组成，最为坚硬的外层冲击区以氟磷灰石的形式呈现出非晶态碳酸钙和磷酸钙的空间倒梯度现象，并且氟磷灰石从无定形逐渐朝着外表面转变为结晶状态，以获得最大的强度。经测量，冲击区的厚度约为 5 ~ 7mm，展现出 65 ~ 70GPa 的模量值。

图 1–2 螳螂虾螯棒及其微结构

1.3.3 蜘蛛丝及其纤维结构

蜘蛛是自然界的“建筑大师”。同直径的蜘蛛丝的强度为钢丝的 4 倍，且具备超强的弹性和优异的防水性。蜘蛛丝（图 1–3）主要是由甘氨酸

（NH_2—CH_2—COOH）、丙氨酸［NH_2—CH（CH_3）—COOH］、少量的丝氨酸［NH_2—CH（CH_2OH）—COOH］，及其他氨基酸单体蛋白质分子链构成，柔性的分子链形成无定形区域，致密的储备氢键（H键）运动被过渡区的由高度有序的 β 折叠链组成的纳米级晶体颗粒限制。蜘蛛丝伴随着形变表现出的超强的韧性来源于动态断裂储备氢键时，在分子尺度上需要消耗能量，而在拉伸状态时可以重新生成储备氢键。其在理化性质方面明显优于蚕丝，而在力学强度方面，强度接近于最强的碳纤维及 Aramid、Kevlar 等高强度合成纤维，但其韧性明显优于上述几种纤维。

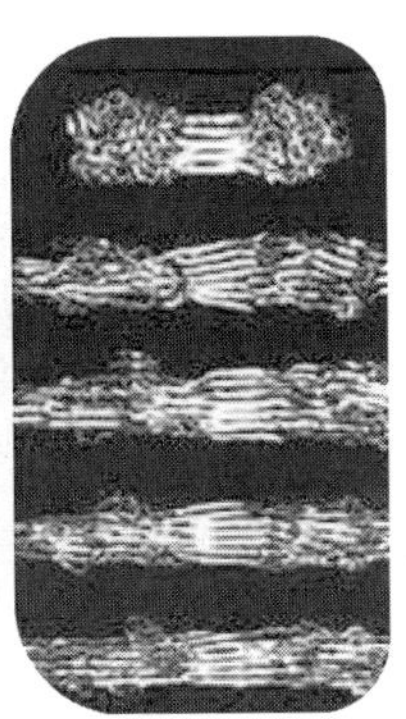

图1-3　蜘蛛丝

外观细软的蜘蛛丝具有极好的弹性和强度（大于 1.75GPa 的拉伸强度，大于 50% 的断裂应变，大于 150J/g 的断裂韧性），其原因在于：①不规则的蛋白质分子链存在于蜘蛛丝中，从而使蜘蛛丝具有弹性；②规则的蛋白质分子链赋予蜘蛛丝突出的力学强度。利用光学显微镜和电子显微镜观察发现，蜘蛛丝由两根主体纤维和大量的微纤构成，而蜘蛛丝中纺锤状凸起就是由绝大多数微纤无规则纠缠形成的，在凸起之间，少量微纤沿主体纤维径向平行分布从而形成节点。由于微纤分布模式不同（凸起处随机，节点处平行），因此凸起和节点处蜘蛛丝的表面浸润性存在差异，节点处相对凸起处亲水性能更弱，这就导致了一定的表面化学能梯度沿着蜘蛛丝径向分布。还有一定的拉普拉斯压差梯度是源于形态的差异，这种差异使得凸起处具有更大的曲率半径。这两种梯度终点均是凸起位置，有利于液滴的定向移动，在凸起处形成汇集。

1.3.4　木材及其独特孔道结构

无数形态、大小、排列各不相同的木材细胞（导管 / 管胞、纤维、薄壁细胞、木射线等）通过有序的紧密结合构成了木材，继而造就了其独特的孔道结构（导管 20 ~ 400μm、管胞 15 ~ 40μm、胞间道 50 ~ 300μm、具缘纹孔 10nm ~ 8μm 等），而这些轴向与径向组合排布的孔道则赋予木材重要的三维孔道连通性，极益于水分及营养成分的传输。木材细胞壁（孔道壁）是由纤维素（约 45%，β-D-葡萄糖组成的线性聚合物）作为支撑骨架，用半纤维素（约 30%，不同类型单糖构成的异质多聚体）进行粘接，最后以木质素（约 25%，苯基丙烷单元组成的复杂、非结晶性、三维网状酚类聚合物）贯穿，从纤维素单分子（约 0.52nm）、基原纤丝（2 ~ 3nm）、微纤丝（10 ~ 30nm）、大纤丝（约 10μm）、细胞壁片层逐步组装而成（图 1-4）。同时，木材细胞壁的这种“钢筋混凝土”结构也使其在韧性和扭转强度方面具有独特的性质。

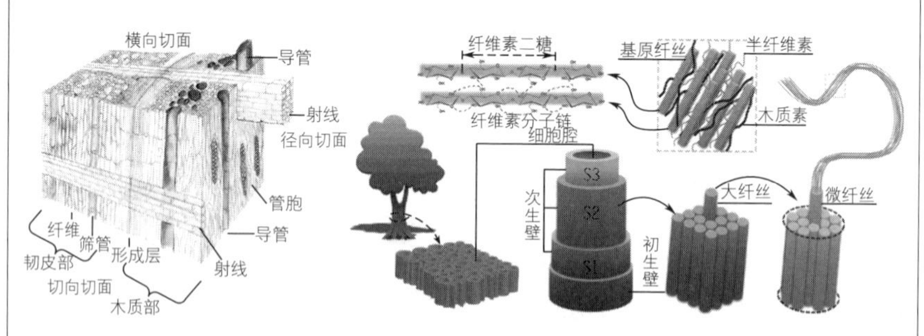

图 1-4　木材细胞壁结构与化学组成

俞书宏院士团队从天然木材系统的结构与功能关系中得到启发，首次提出了仿生人工木材这一概念，开发了一种由冰晶诱导自组装结合热固化的技术，采用传统的热固性树脂材料结合一些功能高分子颗粒，一系列高附加值的多功能树脂基仿生人工木材由此被制备了出来。同时，他们还对仿生人工木材的概念、制备原理以及制备过程中的影响因素和后续应用等进行了系统性的阐述。其中，为了获得传统多孔工程材料所不具备的与天然木材独特的各向异性取向孔道相似的结构以及更加优异的力学性能，他们所采用的策略主要是将高分子聚合物和与之相适应的先进制备手段相结合进行仿生材料可控的制备。东北林业大学王成毓教授等对新型功能性仿生人造木材的合成与特性进行了总结，并对其设计原则进行了较为详尽的论述（图 1-5），接着对其适用范围、优点、特点进行了分析，同时对制备工艺影响的结构定向和性质进行了探讨。

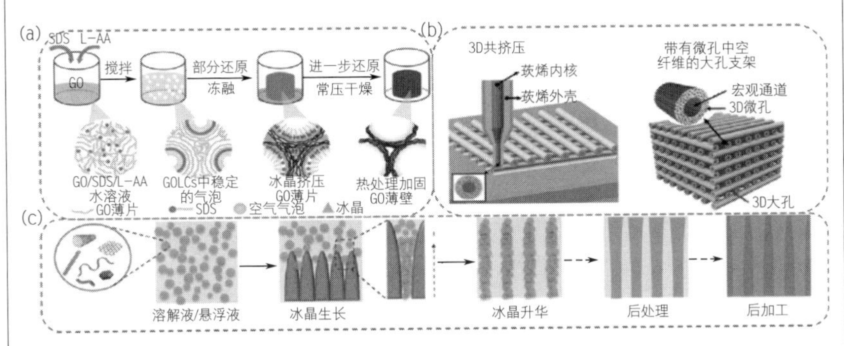

图 1-5　三维有序多孔材料制备原理

（a）模板诱导法；（b）3D 打印法；（c）冷冻铸造法

1.3.5　骨骼及其有序结构

骨骼是构成人体支架的基础部分，是一种致密程度和机械强度都很高的多功能材料，如图 1-6 所示。骨骼含有大量的胶原蛋白原纤维和羟基磷灰石纳米晶，它们构成了骨架质量的 95%。骨骼具有多级复杂的结构，其中，胶原蛋白原纤维在纳米尺度上整齐地排列成束状，而羟基磷灰石则是呈片状嵌入其中。羟基磷灰石纳米晶的 c 轴与胶原蛋白原纤维平行，并以一定的交叉分布排列。骨骼的多级结构使其可以从纳米到大尺寸多维增强，可以防止骨骼断裂。许多研究已经成功地模拟了骨组织的有序组织，制造出了高性能的骨替代物。

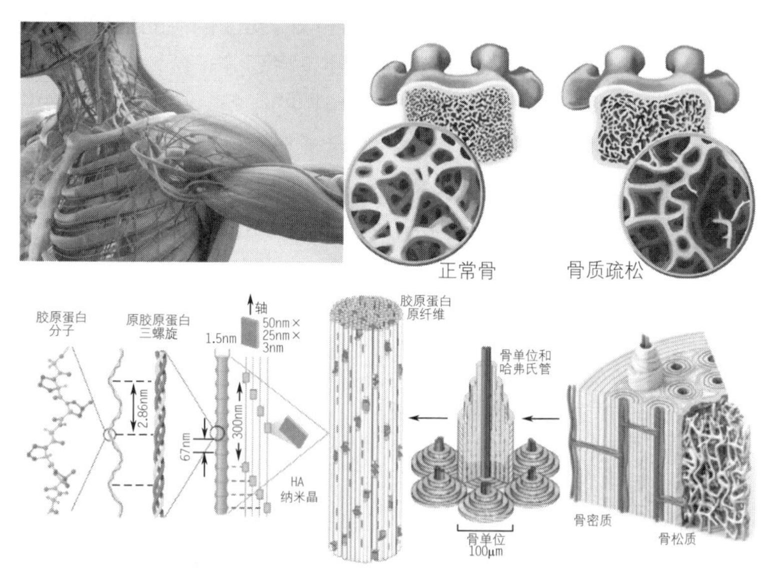

图 1-6　骨骼及其微结构

鹿角骨骼由无机硬相和有机软相组成，即脆性羟基磷灰石与延性胶原蛋白，其出色的力学性能，来源于其独特的组成分布和复杂的多尺度结构。鹿角骨骼在宏观层面上具有典型的梯度结构，由皮质（紧凑）骨的外部致密壳和松质（海绵状）骨的内部多孔核组成。其中，皮质骨是由无机矿物质与少量有机蛋白质结合而成的致密结构，孔隙很少（约 10%）；而松质骨为多孔型，孔隙众多（约 80%），其孔与有机物形成互穿结构。细胞和细胞外基质的再生十分依赖于这种定向多孔结构的支架（Pot 等采用冷冻铸造法，将白蛋白、聚乙烯醇和胶原聚合物作为原料，通过控制冷冻温度与前驱体溶液浓度，设计出孔径与形貌可控的胶原蛋白支架），该支架微观结构与木材孔道结构极为相似（图 1-7）。相比以往的方法，这种制备策略制造的具有各向异性、强固、生物相容性的支架材料更精细，在骨骼修复领域的应用十分有潜力，同时可以预见未来的生物医用材料领域会涌现更多应用木材与骨骼结构启发的取向多孔结构的研究。

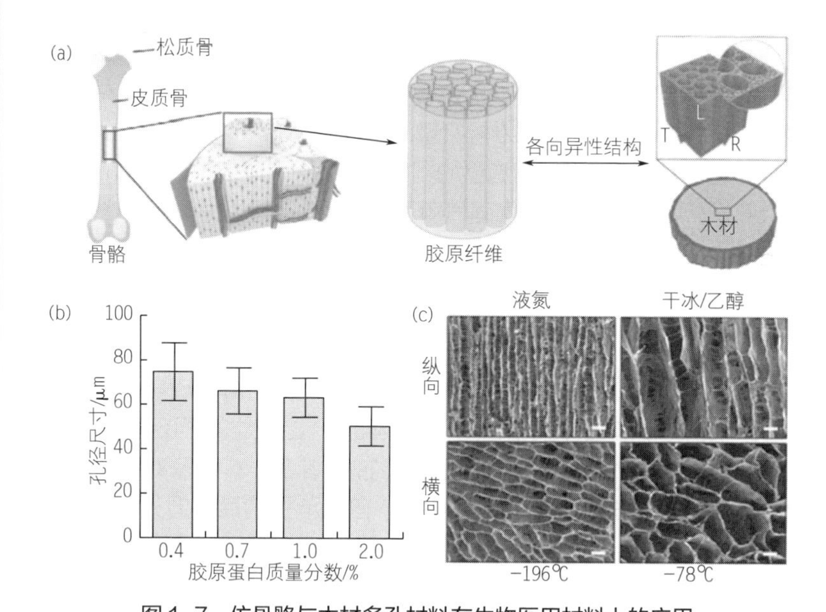

图 1-7　仿骨骼与木材多孔材料在生物医用材料上的应用

（a）木材与骨头都具有各向异性的分层多孔结构示意图；（b）不同浓度前驱体溶液对孔径大小影响；（c）不同冷冻温度［液氮（−196℃）和干冰（−78℃）］对孔径大小影响的电镜图

1.3.6　树根及其自修复性

树木在根部受到伤害后，生物体的自身作用使它可以在一定时间后实现受伤部位的愈合。这种自愈合现象在植物中十分普遍，且其愈合过程存在许多共性：①当生命机能一切正常时，启动愈合机制的最基本条件是损伤；②愈合初期，被损伤刺激而产生的增生组织会填充损伤部位；③随后损伤部位通过机体的输运、化学反应，形成薄壁组织、凝块等物质，完成其与周围组织的有效连接；④同时愈合过程需要液相参与运输物质及能量的供应；⑤最后，损伤处的有效连接恢复使得生物愈合。受此启发，为了应对工程、建筑、路面中存在的材料破坏问题，仿生自修复材料应运而生，其不但可以延长产品的使用寿命，而且能够提升产品的安全性。

1.3.7　棉花及其轻柔飘逸特性

棉花是锦葵科棉属植物的种子上被覆的纤维，这些纤维呈白至白中带黄的颜色，长度约 2 ~ 4cm。作为唯一的天然纯净纤维素材料，棉花纤维有着高达 95% ~ 97% 的纤维素含量。直径为 100 ~ 200nm 的纤丝交错排列在一起，构成棉花纤维细胞壁的网状结构。通过模仿棉花轻质飘逸特性，分离制备高纯纤维素、轻质高强气凝胶等一系列用于生物质废弃资源（秸秆、椰壳、甘蔗渣等）高值化开发利用的研究正在快速发展。

1.3.8　铁定甲虫及其盔甲结构

铁定甲虫的外壳不像其他甲虫那样光滑，反而像被烧焦的木炭，但“坚不可摧”，如图 1-8 所示。论其强度，昆虫学家固定用的钢针都无法穿透它们的外壳，更别说其他昆虫捕食者了。科学家对铁定甲虫外骨骼进行了钢板压缩测试，结果发现，它能承受的最大力为 149N，是它自身重力的 39000 倍。计算机断层扫描的 3D 成像结果显示，铁定甲虫抗压的关键在于鞘翅，其鞘翅在退化过程中逐渐硬化，形成互锁盔甲结构。与同类甲虫的外骨骼相比，铁定甲虫的鞘翅具有更高的蛋白质浓度，质量约增加 10%，使其鞘翅的韧性增强。另外，近距离观察发现，铁定甲虫外骨骼片的微观结构并没有破裂，而是形成分层的平行裂缝。这是因为这些骨骼片的外表面有一层微刺，增加了相互之间的摩擦力，防止互锁的边缘滑脱，其结构为制造坚固牢靠的工程接头提供了新的方法。

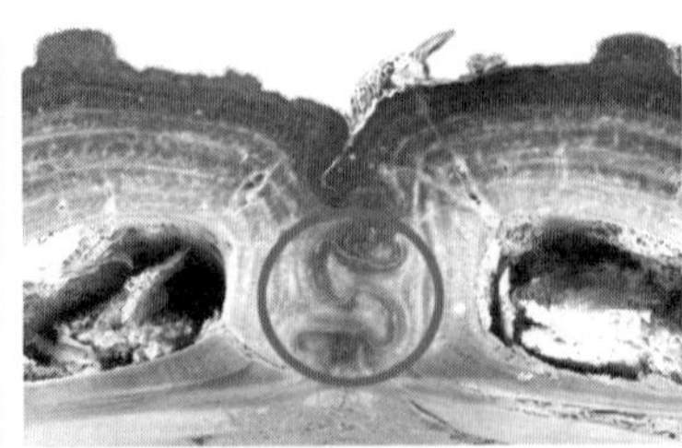

图 1-8　铁定甲虫及其“互锁关节”结构

1.4　材料的功能 / 智能仿生

1.4.1　荷叶及其超疏水性

超疏水性赋予了荷叶自清洁的功能，如图 1–9 所示，荷叶实现自我清洁是通过表面滚落的水珠带走表面黏附的泥沙。这种“出淤泥而不染”的特性使得荷花受到广泛关注。由 SEM 图像可知，直径 5 ~ 9μm 的微乳突分布于荷叶表面。进一步放大观察微乳突，可以看到其表面还有着树枝状的纳米绒毛结构，直径约为 120nm，另外，乳突单元间同样存在着纳米结构。荷叶表面的疏水性归功于低表面能的蜡质层，再配合纳米到微米多维度的粗糙度的进一步增强，最终赋予荷叶表面超疏水性能。

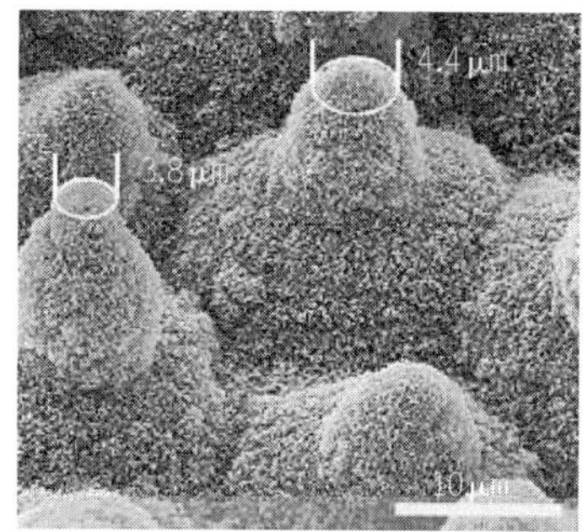

图 1–9　荷叶及其微结构

1.4.2　蝴蝶翅膀及其结构色

不同于通过染料或颜料获得的色彩，结构色彩不易发生褪色，因为这是周期性有序结构与光线之间物理作用所产生的。如图 1–10 所示，蝴蝶翅膀绚丽的色彩得益于其整齐排列的微结构。以大闪蝶（Morpho）为例，从其 SEM 图像可知，覆盖层鳞片及底层鳞片共同组成蝴蝶翅膀，脊状结构形成于这两种鳞片的周期性平行排列。接着，片层结构再由脊状结构进一步平行排列形成，而片层结构的层数影响蝴蝶翅膀鳞片的亮度。而且特定波长的光照射到这种平行排列的脊状片层结构上会产生高度折射，蝴蝶翅膀绚丽的结构色彩因此产生。

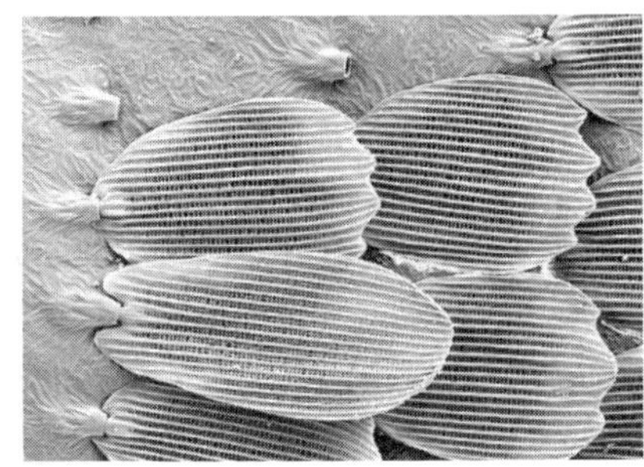

图 1-10　蝴蝶翅膀及其微结构

1.4.3　北极熊皮毛及其保温性

北极熊是一种生活在极端寒冷环境中的大型哺乳动物。为保持恒定的体温，避免热量损失，北极熊除了自身厚达 10cm 的脂肪层提供保温隔热作用外，全身还覆盖着极具保温性能的皮毛，如图 1-11 所示。观察红外热成像仪中的北极熊发现，除了毛发较短的面部，北极熊的身体几乎无法成像，这说明北极熊的体表温度与周围环境温度几乎一致，即

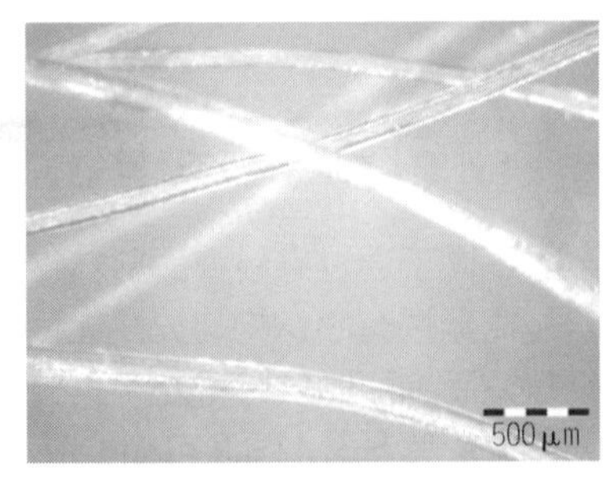

图 1-11　北极熊皮毛及其微结构

北极熊的皮毛拥有极佳的保温隔热效果。通过 SEM 图像可以进一步观察到北极熊的毛纤维呈现中空结构。显然，高效的隔热层由锁在毛发空腔中的空气形成，使得北极熊自身热量流失减少从而在极度寒冷条件下保持体温恒定。

1.4.4 贻贝丝足及其黏附性

贻贝的丝足部位能够分泌一种黏性物质，从而使得贻贝紧紧地黏附在各种礁石表面，以应对剧烈的海浪冲击。如图 1-12 所示，贻贝丝足部分是由一束触丝组成，包含黏附斑块、坚硬的远端部分以及柔软的近端部分。贻贝的强黏附性是因为其丝足部位可分泌一种黏附足蛋白（Mefp-5），而 3,4- 二羟基 -L- 苯丙氨酸（DOPA，黏附性能的关键）和赖氨酸广泛存在于这种足蛋白氨基酸序列中。DOPA 是一种邻苯二酚类氨基酸，从沙堡蠕虫以及被囊动物分泌的黏性物质中也可以发现这种成分，DOPA- 醌的结构就是由 DOPA 在海水中氧化获得，该结构通过互变异构化又容易转化为 α,β - 脱氢多巴。氢键产生于 DOPA 以及 α,β - 脱氢多巴和黏附表面，但是 DOPA- 醌却无法形成氢键。因此，只需要对 DOPA 的氧化过程仔细调控，并且将 DOPA- 醌通过互变异构化转化为 α,β - 脱氢多巴，即可简单实现维持 DOPA 的黏附性。

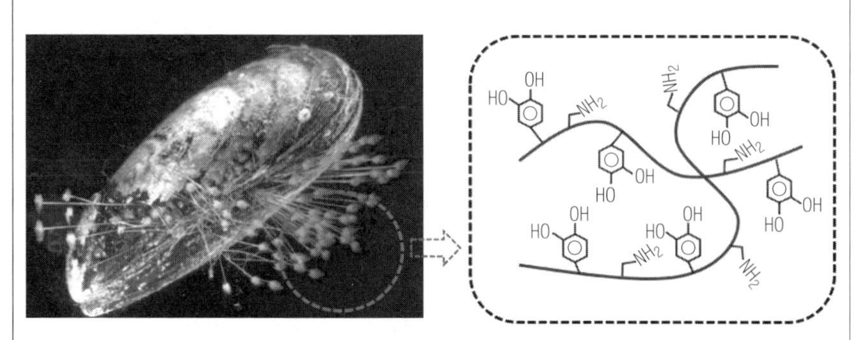

图 1-12 贻贝丝足及其微结构

1.4.5 变色龙皮肤及其变色机制

变色龙的皮肤既可以隐藏自己，又有利于捕捉猎物，这是由于其可以根据环境的变化主动调节体表的颜色，即它可以自己可控地调节体表颜色变化，如图 1–13 所示。这是因为多种与其颜色变化相关的细胞存在于变色龙的皮肤内部，分别为色素细胞、虹细胞及黑色素细胞，而在变色龙体表颜色变化的过程中这三种细胞具有各自的作用：①其体表颜色的明暗变化是由黑色素细胞内部含有的大量黑色素调控；②其他各种颜色是由色素细胞（黄色素细胞和红色素细胞，它们由于含有的嘌呤及类胡萝卜素的种类、比例不同会产生颜色差异）产生，色素细胞通过吸收太阳光来使两种颜色按不同的比例自由分配组合（在整个变化过程中，细胞内的 Ca^{2+} 浓度发挥着重要的作用）；③虹细胞含有大量鸟嘌呤，其内部鸟嘌呤排布的方向和间隔在受到太阳光的照射时可以调节，进而反射和折射不同光线，不同颜色的反射光（甚至彩虹色）因此而产生。

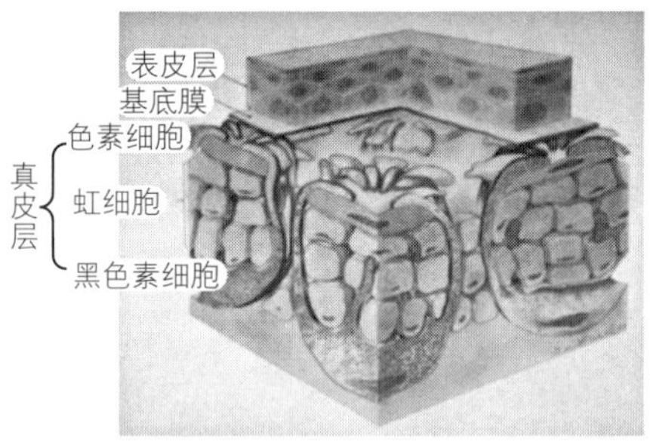

图 1–13　变色龙皮肤及其微结构

1.4.6 仙人掌及其集水原理

仙人掌久居于干旱地带，水分的蒸发和流失可以通过进化而来的短刺状叶片减少，而且空气中的雾气或露水可以被它的由尖刺和肉状茎组成的独特系统收集起来。如图 1–14 所示，可以观察到这些细长圆锥体状尖刺在微观结构上有其特点，尖角和大量倒钩生长于顶端，由窄变宽的沟槽由顶至底地分布于中段，由带状结构构成的毛状体位于底部，因此显著的表面自由能梯度和拉普拉斯压差梯度存在于这种非对称结构的尖刺表面。潮湿空气中的水蒸气遇上仙人掌时，首先微水滴会在尖刺的尖端凝结形成，随后因表面自由能梯度和拉普拉斯压差梯度，这些微水滴会逐渐汇集，并单向扩展、移动，形成大体积水滴，接着克服重力等的影响定向移动至底部的毛状体，最后被植物快速吸收。

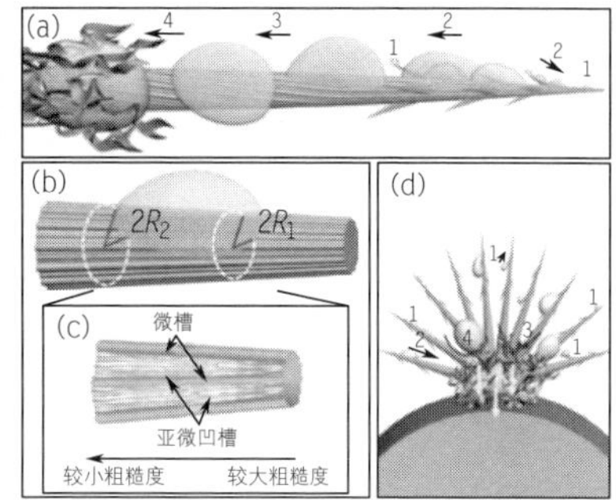

图 1–14　仙人掌及其微结构

1.4.7　壁虎脚垫及其黏着性

壁虎不仅能够在竖直的墙壁上自由攀爬，也可倒挂在天花板上轻松行走，这归功于壁虎脚垫强大的黏着力和摩擦力。如图 1–15 所示，壁虎脚垫由复杂的多尺度层状结构组成（毫米尺度的片晶层、微米尺度的刚毛层和末端的纳米尺度匙突）。片晶层是壁虎脚垫上长度为 1 ~ 2mm 的皮瓣，很容易被压缩，可以与粗糙不平的表面更好地接触。微米尺度的刚毛层是从片晶层延展出来的，密度大约是 14000 根 /mm^2。这些刚毛的尺寸通常是长度 30 ~ 130μm、直径 5 ~ 10μm，在每根刚毛的末端，有 100 ~ 1000 个直径为 0.1 ~ 0.2μm 的匙突，匙突尖端宽度大约 0.2 ~ 0.3μm，长度大约 0.5μm，厚度大约 0.01μm。而这种结构可以使壁虎脚趾和墙面之间的接触面积与范德瓦耳斯力最大化，形成可观的黏着力。

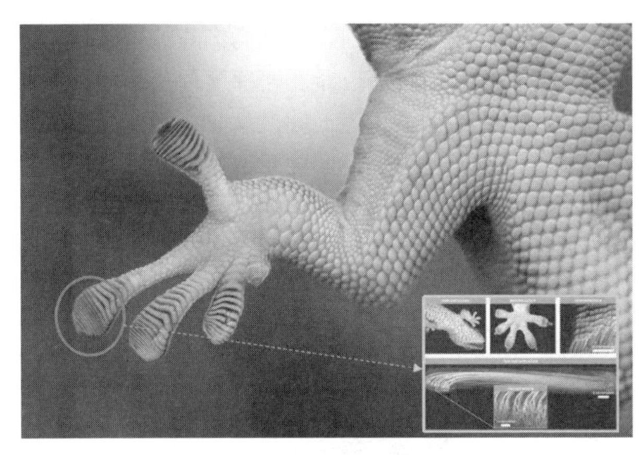

图 1-15　壁虎脚垫及其微结构

1.4.8　水稻叶及其各向异性

自然界中，水滴的各向异性滚动特性存在于水稻叶表面，在功能表面、微流体等领域十分需要这种优良的特性，因此水稻叶仿生研究逐渐成为研究热点。如图 1-16 所示，其表面的各向异性使水滴在水稻叶表面的滚动方向，不像在荷叶表面那样可以向各个方向滚动，而是只沿着平行水稻叶片的方向滚落，不易在垂直叶边缘方向滚动。水滴沿平行

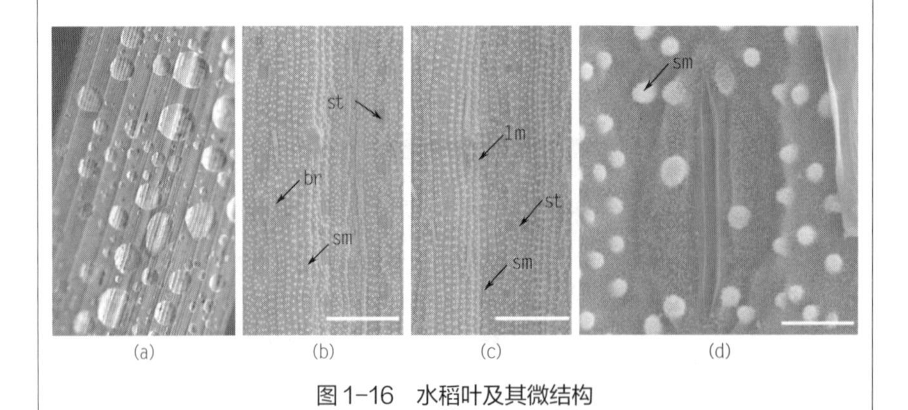

图 1-16　水稻叶及其微结构

叶边缘方向的滚动角约为 3° ~ 5°，而沿垂直叶边缘方向的滚动角约为 9° ~ 15°，其滚动方向存在着各向异性。这是由于水稻叶表面虽然拥有类似于荷叶的微 / 纳米分级结构表面，但水稻叶表面的微 / 纳米突起结构沿平行于叶片的方向进行有序排列，存在各向异性。

1.4.9　鲨鱼皮肤及其减阻防污性

鲨鱼等海洋生物可以在极低阻力下快速游动，且身体不被其他海洋生物、微生物、油污等附着，其身体机能与自身结构将减阻与防污性能发挥得淋漓尽致。鲨鱼有釉质包裹的鳞片，称为肤齿，类似于微小的半透明牙齿，例如灰鲭鲨的鳞片很小，长约 0.2mm，如图 1-17 所示。这些鳞片不仅可以用作盔甲，还可以减少鲨鱼的游动阻力。鲨鱼游行阻力低主要由于以下几方面因素：身体具有流线型且表皮具有织构化结构，水流过鲨鱼皮微结构时会形成微涡流，该微涡流能有效降低水流的摩擦阻力；另外，鲨鱼自身分泌的黏液会驱赶附着的微生物，呈现水下超疏油性能，同时降低了鲨鱼运动过程中水的剪切力。

图 1-17　鲨鱼皮肤及其微结构

1.4.10 槐叶蘋、猪笼草及其超滑性

通常，材料表面的微 / 纳米尺度的粗糙结构是产生超疏水效果的原因，这种结构能够捕获气穴，托起液滴，从而实现超疏水。要想实现超疏水性能更稳定，就需要气穴更稳定，也就是让材料表面微突起的间距更小；然而这种稳定性是有代价的，液滴在超疏水表面的滑移难度会因为微突起密集而增加。因此一直存在一个难题，即如何取得二者之间的平衡。槐叶蘋叶子和猪笼草具有稳定疏水性和超滑效果，如图 1–18 所示。这是由于其顶部结构增加了固 – 液接触线从润滑区跨越到疏水区的能垒，使接触线在竖直方向上稳定；同时又起到润滑效果，增强接触线水平方向上的可移动性，从而降低黏滞力，显著改善液滴的流动性。

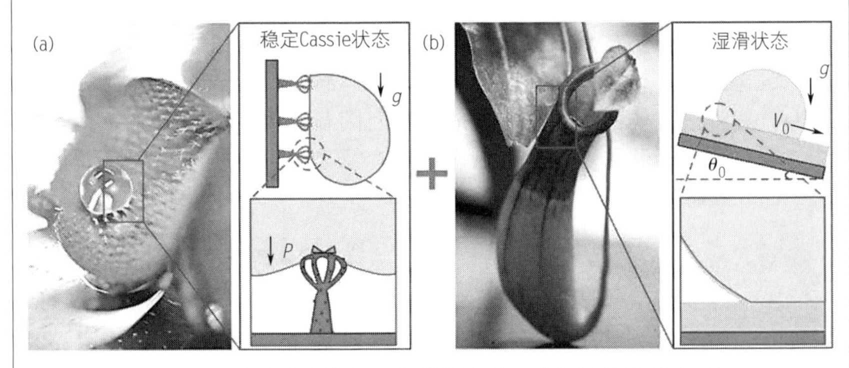

图 1–18 稳定疏水的槐叶蘋叶子（a）和超滑的猪笼草（b）

第2章

仿生技术制备特殊润湿性材料

荷叶的“荷叶效应”、蝴蝶翅膀的“定向输水能力”、昆虫复眼的“防雾功能”、鱼鳞“不沾油污”……大自然展现了它的神奇、它的魅力，更激发人们创造的灵感和改变的勇气。

2.1 固体表面润湿性机制与模型

润湿性是日常生活中液体在固体表面所展现的极为常见的界面现象，自“荷叶效应”、猪笼草蠕动组织与蝴蝶翅膀的“定向输水能力”、水黾的“水面上自由行走”、昆虫复眼的“防雾功能”、鱼鳞“不沾油污”等特殊润湿性现象与研究陆续公之于众，通过在固体材料表面构建微 / 纳二元分级结构，并以低 / 高表面能物质加以修饰来制备特殊润湿性材料成为科学界的共识。表面浸润性是固体材料一个重要的物理化学性质，它是由材料表面的化学组成和微观几何结构共同决定的。表面润湿性一般指在标准状况下，液体（通常为水）在固体表面的铺展能力，一般用接触角或材料的本征接触角作为衡量标准。

2.1.1 固体表面润湿过程

润湿性是固体表面的重要特征之一，也是自然界中最常见的界面现象之一，无论在工业生产，还是在人们的日常生活中，均有着极其重要的应用价值，而一般情况下，该特性由接触角（θ）来衡量。接触角θ定义为：假设存在绝对光滑的平面，将一滴液体滴在该平面处，当液滴在固体表面达到稳定状态时（三相表面张力平衡，总界面能最小），所形成的一定角度，具体为以固 / 液 / 气三相交点为起点对液滴做切线，切线与固液界面之间的夹角即为液体与固体之间的接触角，如图 2–1 所示。

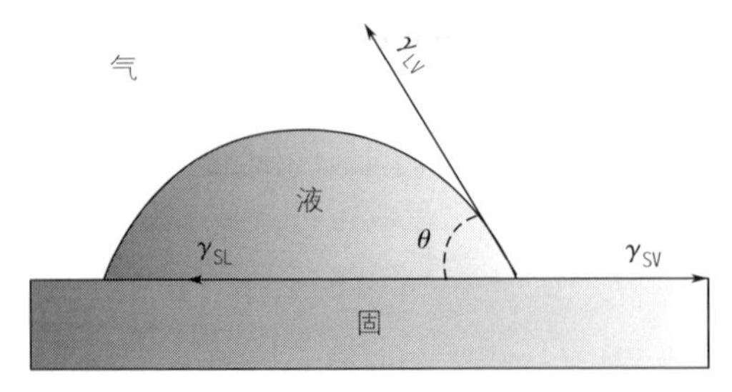

图 2–1　接触角示意图

按照液滴在固体材料表面的接触角大小，可以将材料分为如下几类。

接触角 $\theta \leqslant 10°$，即液体可以完全铺展并浸润表面，被称为超亲液表面。

接触角 $10° < \theta < 90°$，即液体可以浸润表面，被称为亲液表面。θ 角越小，亲液性越好。

接触角 $90° \leqslant \theta < 150°$，即液体不易浸润表面，被称为疏液表面。

接触角 $150° \leqslant \theta$，即液体难以浸润表面且 θ 值越大，液滴收缩成球的效果越明显，被称为超疏液表面。

当液滴在平滑固体表面并达到平衡时，由三相表面张力的三力平衡可得到接触角与三相表面张力的关系，即 Young's 方程：

$$\gamma_{SV}=\gamma_{SL}+\gamma_{LV}\cos\theta \tag{2-1}$$

整理式：

$$\cos\theta=\frac{\gamma_{SV}-\gamma_{SL}}{\gamma_{LV}} \tag{2-2}$$

式中　γ_{SV}——固 - 气界面的表面张力；

γ_{SL}——固 - 液界面的表面张力；

γ_{LV}——气 - 液界面的表面张力。

当液体浸润固体表面时，固体表面能越大，液体的接触角越小，表现为固体材料表面越易被液体润湿。因此，根据表面能 γ 数值可以将固体简单地分为两类：

① $\gamma>100\text{mJ/m}^2$，该固体材料具备较高的表面能，易被一般液体浸润；

② $\gamma<100\text{mJ/m}^2$，该固体材料具备较低的表面能，该表面的润湿特性则与液 - 固两相的表面组成以及性质密切相关。

对于固体材料而言，可以选择在其表面引入表面能更低的官能团或直接引入其他原子，从而实现改变材料表面润湿性的目的。

2.1.2　气 / 液 / 固三相体系润湿性模型

一般固体材料表面润湿性是指在空气条件下液体在与固体接触时，沿着固体表面扩展的情况。根据 Young's 方程可知，对于理想固体材料，只有通过降低其表面能的方式才能增强材料表面性能。研究表明，由表面能最低的材料构建的光滑平面上的水接触角仍小于 120°，而自然界中有许多动植物的表面具有超疏水的特性，其表面接触角高于 150°，如荷叶、水黾的脚、西瓜叶片等。这表明固体材料表面的疏水特性不仅受到材料表面能的影响，Young's 方程在实际应用中存在一定限制。

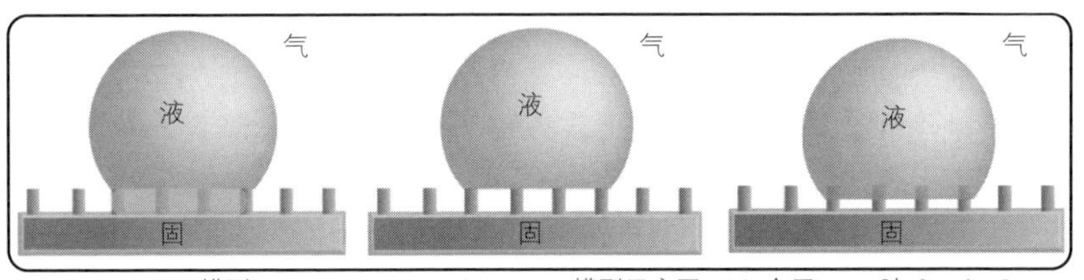

(a) Wenzel模型　(b) Cassie-Baxter模型示意图　(c) 介于Wenzel与Cassie-Baxter模型之间的亚稳态模型

图 2-2　表面润湿性理论模型

事实上，真实的固体表面组分并不均一，且表面存在一定的粗糙结构。利用低表面能改性剂对真实的固体材料表面进行处理后其接触角可达到超疏水的效果，即接触角不低于 150°，高于 Young's 方程所导出的理论值（120°）。因此针对此类固体表面的润湿特性，Wenzel 认为由于实际固体表面是粗糙的，固 - 液界面完全接触时，液体始终能填满粗糙表面的凹槽（图 2-2），其实际接触面积高于投影面积。通过引入粗糙因子 r（固液实际接触面积与投影接触面积之比），Wenzel 将接触角与粗糙因子关联起来，并对 Young's 方程进行了修正：

$$r(\gamma_{SV}-\gamma_{SL})=\gamma_{LV}\cos\theta_r \tag{2-3}$$

式中，θ_r 为粗糙表面的表观接触角；r 为粗糙因子。对公式（2-3）进行整理后得到一般 Wenzel 方程式：

$$\cos\theta_r=r(\gamma_{SV}-\gamma_{SL})/\gamma_{LV} \tag{2-4}$$

与 Young's 方程式（2-2）联立：

$$\cos\theta_r=r\cos\theta \tag{2-5}$$

式中，r 为粗糙因子，代表固体与液体的实际接触面积与投影面积之比。由于 Wenzel 方程设定固 - 液界面完全被液体润湿，凹凸结构中无气体存在［图 2-2（a）］，因此液体与固体实际接触面积始终大于投影面积，即粗糙因子 r 始终大于 1。

由于粗糙因子 r 总是大于 1，因此通过 Wenzel 方程可以得到如下规律：

当 θ<90° 时，表面粗糙度越大，表观接触角 θ_r 越小，即随着粗糙度的增加，表面亲水性能增强；

当 θ>90° 时，表面粗糙度越大，表观接触角 θ_r 越大，即随着粗糙度的增加，表面疏水性能增强。

然而，Wenzel 方程式只适用于化学组成单一且粗糙的固体材料表面，并不是所有的粗糙表面均符合 Wenzel 假设。因此当液体滴落于该类材料表面时，液体必须克服材料表面由于起伏不平所造成的势垒，即液滴无法达到 Wenzel 方程所要求的平衡状态。

Cassie 和 Baxter 在研究了大量自然界有关超疏水的现象后，于 1944 年提出了复合接触面的概念，即认为在液体浸润固体表面时将粗糙不均匀的表面看作一个复合表面，液滴与其接触方式为复合接触。假定复合表面只由两种不同的组分 1 与组分 2 组成，且这两种组分以极小块的形式均匀分布在固体表面，液滴对于这两种组分的本征接触角分别为 θ_1 和 θ_2，θ_{CB} 为 Cassie-Baxter 条件下的表观接触角，两种组分所占的面积比例分数为 f_1 和 f_2，$f_1+f_2=1$。假设液体在固体表面铺展时，f_1 与 f_2 大小（表面组分可以是空气或者其他物质）不发生变化，并进一步与 Young's 方程联立得出：

$$f_1\cos\theta_1+f_2\cos\theta_2=\cos\theta_{CB} \tag{2-6}$$

该方程为 Cassie-Baxter 方程。此方程也适用于超疏水材料表面。如图 2-2（b）所示，液体在润湿超疏水材料表面时，液体在固体表面发生全不湿接触，我们可以看作水滴与基底和固体凹槽中截留的空气两相形成复合接触。此时定义 f_1 为固、液体接触表面积分数，f_2 为液滴与气孔或截留气层接触表面积分数（$f_1+f_2=1$），θ_1 为液滴在光滑表面的本征接触角，θ_2 为液滴与空气的接触角，一般认为液滴与空气的接触角为 180°，则上述方程变换即可得到 Cassie-Baxter 方程式：

$$\cos\theta_{CB}=f_1\cos\theta_1-f_2=f_1\cos\theta_1+f_1-1 \tag{2-7}$$

由上述方程可知，对于本征接触角 θ_1 大于 90° 的光滑疏水材料表面，当 f_2 增加，即液滴与空气接触所占的比重增加时，表观接触角 θ_{CB} 增大，材料表面疏水性增强，这为我们制备超疏水材料表面提供了一定的理论指导。应该指出 Cassie-Baxter 方程中，液滴接触的固体部分仍然为光滑的理想表面，而实际的固体材料表面并非绝对光滑，且液－固表面的润湿状态一般介于 Wenzel 态和 Cassie-Baxter 态之间［图 2-2（c）］。

事实上，若已知表面粗糙因子 r_1，可根据 Cassie-Baxter 方程对其进行修正，修正式为：

$$\cos\theta_{CB}=r_1f_1\cos\theta_1-f_2=r_1f_1\cos\theta_1+f_1-1 \tag{2-8}$$

此方程表示处于亚稳态时的 Cassie-Baxter 方程。当 $f_1=1$ 时，凹槽被液体完全浸润，空气被完全排除，此时 Cassie-Baxter 状态完全转换为 Wenzel 态。根据上述理论模型可知，固体表面润湿性是由固体表面化学组成以及表面粗糙结构共同决定的，即对于表面形貌不同但粗糙度相同的表面，其润湿性能也不尽相同。上述方程一般作为具有一定参考价值的理论模型，由此可推得，一般有两种方法可以提高固体表面的疏水性：其一，改变固体表面的化学组成，降低其表面能；其二，改变疏水固体表面（接触角大于 90°）三维结构，提高表面的粗糙程度。

2.1.3 液 / 液 / 固三相体系润湿性模型

上述 Young's 方程为固 / 液 / 气三相体系，该体系可推广至液 / 液 / 固三相体系。

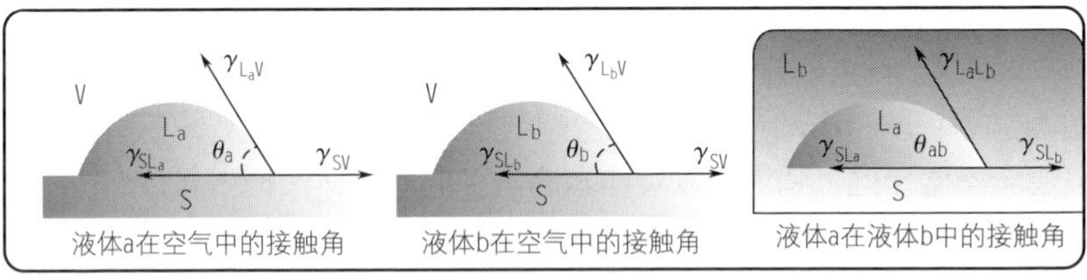

(a) 三相体系中液体的接触角示意图

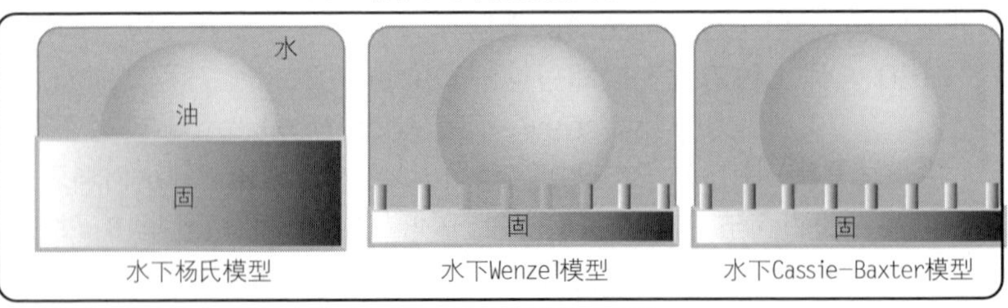

(b) 水下表面润湿性理论模型

图 2-3 液 / 液 / 固三相体系润湿性模型

如图 2-3（a）所示，互不相容的液相 L_a 与液相 L_b 在相同的固相材料 S 表面满足 Young's 方程：

$$\gamma_{SV}=\gamma_{SL_a}+\gamma_{L_aV}\cos\theta_a \tag{2-9}$$

$$\gamma_{SV}=\gamma_{SL_b}+\gamma_{L_bV}\cos\theta_b \tag{2-10}$$

式中，V 为气相；θ_a 为液体 a 在空气中对材料表面的接触角，θ_b 为液体 b 在空气中对材料表面的接触角。

若将固相浸没在 L_b 液相中（L_a 密度大于 L_b 密度），则在该环境条件下液滴 L_a 满足如下方程：

$$\gamma_{SL_b}=\gamma_{SL_a}+\gamma_{L_aL_b}\cos\theta_{ab} \tag{2-11}$$

联立方程式（2-9）~式（2-11）即可得到如下方程：

$$\cos\theta_{ab}=(\gamma_{L_aV}\cos\theta_a-\gamma_{L_bV}\cos\theta_b)/\gamma_{L_aL_b} \tag{2-12}$$

式中，θ_{ab} 为液体 a 在液 / 液 / 固三相体系中对固体表面的接触角。该方程表示在绝对光滑的、无变形且各向同性的液 / 液 / 固三相体系中的润湿行为。

同样，气 / 液 / 固三相体系方程可以推广应用于真实表面存在粗糙结构（如水下油）接触角的推断，由 Wenzel 方程与 Cassie-Baxter 方程可知：

$$\text{Wenzel：}\cos\theta'_{OW}=r(\gamma_{SL_w}-\gamma_{SL_o})/\gamma_{L_oL_w}=r\cos\theta_{OW} \tag{2-13}$$

$$\text{Cassie-Baxter：}\cos\theta''_{OW}=f'_1\cos\theta_{OW}-f'_2=f'_1\cos\theta_{OW}+f'_1-1 \tag{2-14}$$

式中，r 为固体表面粗糙因子；f'_1 为液滴 a 与材料表面接触表面积分数，f'_2 为液滴 a 与液体 b 在孔隙处或截留缝隙处接触表面积分数（$f'_1+f'_2=1$）；θ_{OW} 为在 Young's 状态下油滴在浸没在水中的光滑表面上的接触角；θ'_{OW} 为在 Wenzel 状态下油滴在浸没在水中的粗糙表面上的接触角；θ''_{OW} 为在 Cassie 状态下油滴在浸没在水中的粗糙表面上的接触角。

若材料表面的粗糙因子为 r_1，可根据 Cassie-Baxter 方程对其进行修正，修正式为：

$$\cos\theta''_{OW}=r_1f'_1\cos\theta_{OW}-f'_2=r_1f'_1\cos\theta_{OW}+f'_1-1 \tag{2-15}$$

当 $f'_1=1$ 时，凹槽被液体完全浸润，空气被完全排除，此时水下 Cassie-Baxter 状态完全转换为水下 Wenzel 态［图 2-3（b）］。根据上述理论模型可知，水下固体表面润湿性是由固体表面化学组成以及表面粗糙结构共同决定的。

2.2 特殊润湿性材料简介

固体表面的接触角测量值界定了液体在其表面的亲疏性质，当 $\theta<90°$ 时，固体表面为亲液性；当 $90°\leqslant\theta<150°$ 时，固体表面为疏液性。而更进一步的划分界定了特殊润湿性固体表面，即当 $\theta<10°$ 时，固体表面为超亲液性；而当 $150°\leqslant\theta<180°$ 时，固体表面为超疏液性，例如：超亲水性、超疏水性、超亲油性、超疏油性、超双亲性、超双疏性、超亲水 –（水下）超疏油性、超疏水 – 超亲油性、超疏水与超亲水性或超疏油与超亲油性在特定情况下的相互转换等。基于特殊润湿性材料的特殊性能，已经挖掘的应用领域包括减低细菌黏附、自清洁表面、抗结冰、水收集、微流控、医学传感、海水淡化、减阻、防污、太阳能电池、防雾、油水分离。

2.2.1 超疏水 – 超亲油性表面

超疏水 – 超亲油性表面是指在空气中既是超疏水性表面也是超亲油性表面，多被用于油水分离领域。1996 年，Satoshi 等提出了超疏水概念，即通过提高材料表面的粗糙度和降低材料表面能，可制得超疏水材料，其接触角可达 174°。2004 年，江雷课题组首次制备并应用了超疏水 – 超亲油不锈钢网过滤材料。其制备原理是通过喷涂的方式用低表面能的聚四氟乙烯（PTFE）对具有微 / 纳米粗糙结构的不锈钢网表面进行包裹，最终得到对水接触角为 156.2°、对油接触角约为 0° 的超疏水 – 超亲油不锈钢网材料。当不溶性油水混合物接触到网状材料时，混合物中的水分被完全阻挡无法穿过超疏水 – 超亲油不锈钢网，油相则完全可以穿过超疏水 – 超亲油不锈钢网，最终实现油水分离。

氟化聚合物因其极低的表面能特性经常被用作疏水基底材料或表面改性试剂来制备表面疏水材料。J.Y.Huang 等通过水热反应将 TiO_2 颗粒原位生长到织物材料表面来增强其表面粗糙度，而后通过三乙氧基 –1H，1H，2H，2H– 十三氟 –*N*– 辛基硅烷或者 1H，1H，2H，2H– 全氟十七烷三甲基氧硅烷对其进行改性处理，即可得到具有自清洁功能，抗紫外线辐射且可用于油水分离的多功能超疏水织物。C.Du 等通过浸泡法制备出了聚四氟乙烯（PTFE）超疏水滤纸；J.P.Ju 等制备出了表面负载经甲基三甲氧基硅烷（MTMS）改性处理的微 / 纳米二氧化硅的超疏水聚偏氟乙烯（PVDF）膜；以及 Z.Z. Zhang 课题组利用聚苯胺（PANI）和 1H，1H，2H，2H- 全氟十七烷三甲基氧硅烷对棉织物进行改性处理，从而制得了具有微 / 纳米粗糙结构的超疏水棉织物。上述材料均可通过其亲油且阻水的特性对互不相容型油水混合物进行分离。

在超疏水 - 超亲油吸附材料方面，Y.G.Wang 等将 3D 多孔材料聚氨酯海绵浸没在含有胶黏剂与 PTES-TiO_2（低表面能纳米颗粒）的乙醇均匀混合液中，取出样品并挤净样品中的溶液后在 90℃烘干 60min 即可得到超疏水 - 超亲油的聚氨酯海绵。该海绵材料为连续疏松多孔结构，结合其超疏水 - 超亲油特性，它具备了良好的吸油效率与阻水特性。并且该材料可以通过真空泵吸油方式（即当液体表面含有浮油时，聚氨酯海绵由于其超亲油特性在极小的压力作用下即可将表面浮油吸附并收集起来；而当表面浮油被收集完全后，由于聚氨酯海绵表面超疏水特性且不完全浸没于水中，使其直接吸附外界空气而无法将水吸附起来），在一定程度上实现连续吸附表面浮油，显示出聚氨酯海绵具备重要实用价值。然而值得注意的是，该快速分离法多适用于低黏度的有机试剂，难以处理黏度较高的油。除了氟化聚合物以外，其他的低表面能改性聚合物也同样被用于制备超疏水 - 超亲油吸附材料，如 J.Li 等利用十八烷基三氯硅烷（OTS）制备的超疏水 - 超亲油聚氨酯海绵；Q.P.Ke 等利用聚二甲基硅氧烷处理棉花制备得到的超疏水 - 超亲油棉花；J.T.Wang 等使用十二烷基三甲氧基硅烷（DTMS）处理木棉后得到的超疏水 - 超亲油木棉材料。

2.2.2 超亲水 - 超疏油性表面

超亲水 - 超疏油性表面是指在空气中既是超亲水性表面，也是超疏油性表面。

$$\cos\theta=\frac{\sqrt[2]{\gamma_{SV}^{d}\gamma_{LV}^{d}}+\sqrt[2]{\gamma_{SV}^{h}\gamma_{LV}^{h}}}{\gamma_{LV}}-1 \qquad (2-16)$$

$$\cos\theta=\frac{\sqrt[2]{\gamma_{SV}^{d}\gamma_{LV}^{d}}}{\gamma_{LV}}-1 \qquad (2-17)$$

当材料表面同时具有较低的极性力组分以及较高的非极性力组分时，有可能实现在空气中亲水疏油。Y.L.Pan 等通过在二氧化钛纳米颗粒表面成功接枝上自组装聚合物链段［该聚合物同时含有氟硅烷基团以及强极性基团（羧酸钠）］，其中该聚合物链段头部极性基团的极性强于氟硅烷基团而与纳米颗粒表面非常接近，从而增强了二氧化钛纳米颗粒表面的亲水性，使其在接触到水时更容易表现为亲水性，链段尾端为非极性的氟硅烷基团，使二氧化钛颗粒表面外围空间变得表面能极低（非极性力极强）从而使纳米颗粒表面展现出超疏油特性。将该聚合物链段喷涂到 300 目不锈钢网表面，该不锈钢网具备了重力条件下分离植物油 / 水混合物的能力；将该类聚合物链段喷涂到海绵表面，该海绵可以从油水混合物中吸取水分而不被油污染。

2.2.3 超双疏性表面

超双疏性表面是指在空气中既是超疏水性表面也是超疏油性表面，多被用于表面防水渍或者油渍污染。由 Cassie-Baxter 的公式可知：

$$\cos\theta_{CB}=f_1\cos\theta_1+f_1-1 \qquad (2-18)$$

传统制备方法一般为增加材料表面的粗糙结构以及降低其表面能。目前已知正癸烷的表面能为 23.8mN · m^{-1}，远低于水的表面能 72.3mN · m^{-1}，而某些含氟溶剂，其表面能最低可达 1mN · m^{-1}。因此在制备超双疏材料时，应选择表面能极低的材料或者化合物，而目前已知含氟基团化合物可以有效地降低粗糙材料的表面能，如 PFOP（1H，1H，2H，2H- 全氟辛基三乙氧基硅烷）、PFOA（1H，1H，2H，2H- 全氟辛烷磺酸）、PFOTS（1H，1H，2H，2H- 全氟辛基三氯硅烷）、PFDTS（全氟十二烷基三氯硅烷）、PFDSH（1H，1H，2H，2H- 全氟十二烷硫醇）和 PFDAE（全氟十二烷基三氯硅烷）等。同样也可以选取具有低表面能的材料并利用材料本身构建二元粗糙结构，如 Zhao 课题组利用刻蚀技术在硅晶片上制备规则排列的竖突结构。

但是上述方法所阐述的超双疏性表面并不能对表面能极低的有机溶剂具有排斥性。由 Cassie-Baxter 公式可知，若使接触角 θ_{CB} 恒大于

150°，考虑极限情况即材料完全亲水（θ_1=0），则液固接触比例理论值应小于 6.5%，即在该状态下外界液体与固体表面的实际接触面积小于 6.5%，而与空气的实际接触角面积大于 93.5%，根据液体的疏气特性，在该情况下的粗糙表面具有超疏液特性（液体需满足疏气特性）。2004 年 T.Y.Liu 等利用具有亲水性能的硅材料设计了一种伞状微 / 纳米表面结构，使得该材料具备了超双疏特性，并且对所有的溶液（完全疏气液体）均具有超疏液性能。由于这些伞状结构的存在，液体与表面固体的直接接触面积仅有 5%，从而实现了超双疏状态。该方法不依赖表面化学成分，完全通过结构制备得到了超双疏材料表面，极大地拓展了特殊润湿性的研究领域。

2.2.4　超亲水 - 水下超疏油性表面

超亲水 - 水下超疏油性表面是指在空气中是超亲水性，但在水下是超疏油性的。2009 年，江雷课题组在观测鱼表皮的表面浸润性时，发现在空气条件下鱼皮表面具有超亲水 - 超亲油特性，而将鱼皮置于水中时鱼皮表面表现为水下超疏油性。研究发现鱼皮表面存在的规则排列的微 / 纳米粗糙亲水结构将水牢牢地吸附在鱼皮表面是使鱼皮表面具有水下超疏油性的关键。根据表 2-1 可知，此时鱼皮表面应满足 $\gamma_{L_OV}\cos\theta_O < \gamma_{L_WV}\cos\theta_W$。

表 2-1　不同三相体系中多种界面浸润特性汇总表

固 / 气 / 水三相体系	固 / 气 / 油三相体系	固 / 水 / 油三相体系
亲水	亲油	若 $\gamma_{L_OV}\cos\theta_O < \gamma_{L_WV}\cos\theta_W$，则疏油
		若 $\gamma_{L_OV}\cos\theta_O > \gamma_{L_WV}\cos\theta_W$，则亲油
	疏油	$\gamma_{L_OV}\cos\theta_O < \gamma_{L_WV}\cos\theta_W$，疏油
疏水	疏油	若 $\gamma_{L_OV}\cos\theta_O < \gamma_{L_WV}\cos\theta_W$，则疏油
		若 $\gamma_{L_OV}\cos\theta_O > \gamma_{L_WV}\cos\theta_W$，则亲油
	亲油	$\gamma_{L_OV}\cos\theta_O < \gamma_{L_WV}\cos\theta_W$，亲油

注：γ_{L_OV} 与 γ_{L_WV} 分别为油与水的表面张力；θ_O 与 θ_W 分别为油与水滴在固体表面的接触角。

依据此原理，2011 年江雷课题组以不锈钢网为基底，利用水凝胶前驱体溶液（包括丙烯酰胺单体，交联剂 *N*,*N*'- 乙烯基双丙烯酰胺、光引发剂 2,2- 二乙氧基苯乙酮以及重均分子量为 3000000 的胶黏剂聚丙烯酰胺）在 365nm 的紫外线诱导下以原位自由基聚合方式制备得到了聚丙烯酰胺水凝胶包覆的不锈钢网膜材料。在聚合过程中，凝胶在金属网表面随机聚合使该金属网具备一定的纳米级粗糙结构，结合水凝胶本身的亲水特性，从而赋予了合成材料表面超亲水 - 水下超疏油特性，再加上机械强度优良的不锈钢网结构与合适的孔径大小（平均孔径 50 μm）使该金属复合材料同时具备了耐油污性能、可循环利用性能以及高效的油水分离性能。利用重力法分离互不相容的油水混合物（针对油密度小于水的密度）过程中，当混合液体接触到网膜表面时，水组分会被牢牢地吸附在水凝胶膜表面形成一层水膜并使得大量的水组分轻易通过网膜，而油组分因为油水不互容所表现的水下疏油性能而被逐渐截留于水膜之上，因为水的密度大于油，因此不溶性油水混合物最终被完全地分离开来，分离效率高于 99%。

H.C.Yang 等通过在聚丙烯微孔过滤膜表面共沉积多巴胺和聚乙烯亚胺，使该膜材料亲水性显著提高，水下接触角达到 164.9° ±2.8° 并实现了对水包二氯乙烷乳液的分离，分离后水溶液油去除率高于 98%。Y.Jin 等通过表面引发原子转移自由基聚合法将单体甲基丙烯酰乙基磺基甜菜碱（MAPS）接枝聚合到聚偏氟乙烯（PVDF）表面，使得 PVDF 膜由表面疏水（水接触角约 130°）的膜材料变为表面亲水（水接触角约 11°）且水下超疏油（水下油接触角约 158°）的膜材料（PMAPS-g-PVDF）。该膜材料（PMAPS-g-PVDF）可重复性好，抗油性好，对水包油乳液单次分离效率较高。2016 年，X.Tian 等成功建立了关于水下超亲油 - 油下超亲水的理论模型，该理论模型具有合理设计的特殊倒角结构，且水本征接触角 θ 处在 56° ~ 74° 区间时，该材料即可表现为油下疏水 - 水下疏油结构（图 2-4）。

2.2.5 杰纳斯（Janus）特殊润湿性表面

Janus 对象具有不对称特性，其两侧的成分或结构不同，就像罗马的双面神 Janus 一样。自从 Cho 和 Lee 在 1985 年报道了第一个

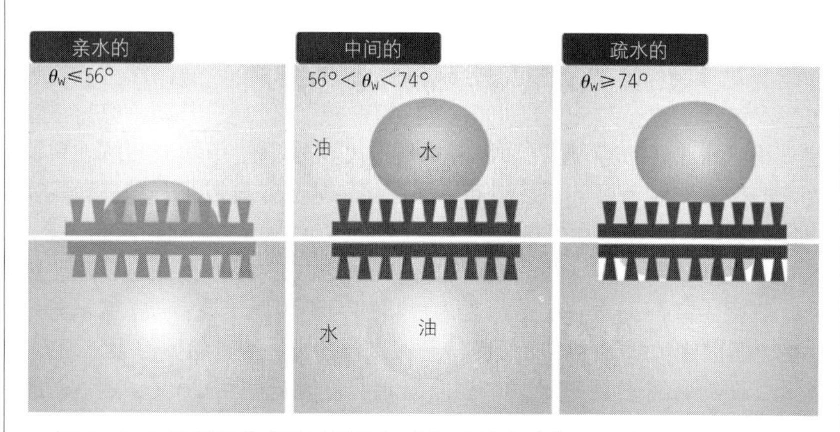

图 2-4　三种润湿模式的原理图（上侧：水滴在油中；下侧：油滴在水中）

Janus 粒子以来，人们对 Janus 材料的合成和表征进行了越来越多的研究。Janus 薄膜是一种典型的薄膜材料，两侧具有相反的特性，并且还允许相反的特性协同工作以实现独特的传输。值得注意的是，两者之间的相互关系使 Janus 薄膜比物理、化学和生物学中的常规均质薄膜更具通用性。因此，它吸引了来自空气中雾气收集、油水分离、膜蒸馏、海水淡化、单向液体传输等各个研究和应用领域的众多专家和学者。设计具有高分离效率的纳米结构薄膜对于从溢油和泄漏化学品中回收油水混合物至关重要。与不混溶的油水混合物相比，乳化混合物更难分离。用于油水过滤和收集的薄膜的分离性能，主要归因于薄膜表面润湿性和纳米结构。单一亲水或疏水性的薄膜极大地限制了同时分离各种油水混合物的过程。因此，寻找一种通用、简单的策略来制备具有特殊且相反的超润湿性能的 Janus 纳米纤维薄膜，对于实现两种类型的油水乳化液或混合物的可切换分离，满足多样化的实际需求具有重要意义。

液体的自主和选择性单向传输对于许多应用至关重要。值得注意的是，Janus 薄膜提供了解决这一挑战的诱人机会，它可以通过不对称润湿性产生的内部驱动力促进所需的传输和可切换的分离，不需要外部能量的输入，因此吸引了越来越多的专家学者投入到 Janus 特殊润湿性薄膜的制备中。Janus 特殊润湿性薄膜的经典制备方法主要有两种。为了更好地解释 Janus 薄膜的制作方法，我们将两层命名为 A 层和 B 层。对于非对称制作方法，是指分别制备薄膜的 A 层和 B 层，然后依次通过静电纺丝、真空过滤等技术将其结合在一起。同时，非对称修饰法也是获得 Janus 特殊润湿性薄膜的重要方法，即通过单面光降解、单面光交联技术对制备好的基底进行单面装饰。Wu 等开发了一种具有定向水传输功能的抗菌双层醋酸纤维素亚微米电纺 Janus 特殊润湿性薄膜。通常，大多数具有特殊润湿性能的材料在恶劣条件下的耐久性较差，在实际应用中存在局限性。这是因为材料的粗糙表面（具有微 / 纳米分级结构）在机械负载下经常会承受较高的局部压力，使其易碎且极易磨损。因此，研究和开发具有不同、相反超润湿性能的耐用 Janus 复合薄膜成为目前的研究热点。

Yu 等利用等离子体气相接枝法，将八甲基环四硅氧烷（D4）聚合到离心纺丝制备的醋酸（CA）纤维膜上，得到超疏水 / 亲水 Janus-CA 膜［图 2-5（a）］。当等离子体处理功率为 80W，处理时间为 8min 时，CA 纤维膜的最大水接触角为 159.5°［图 2-5（b）］。经过甲苯包水乳液、

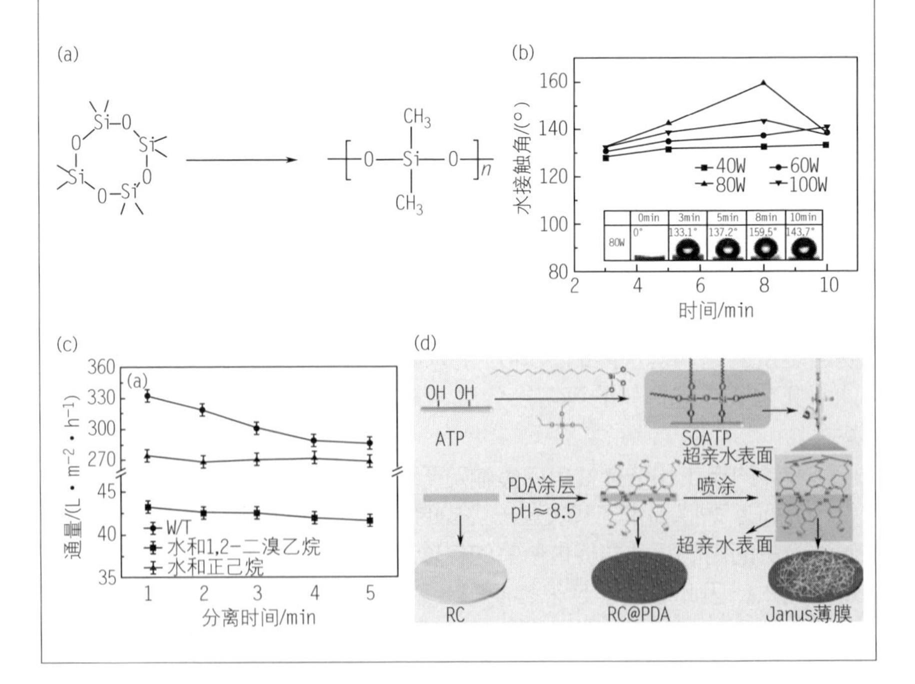

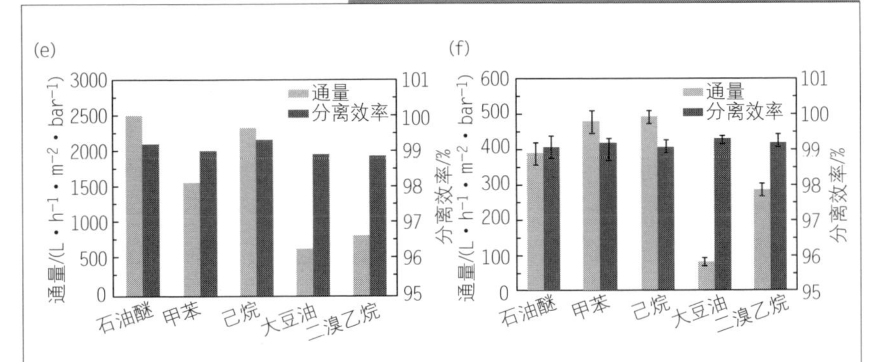

图 2-5 Janus 薄膜的制备与性能

（a）等离子体气相接枝聚合 D4 示意图；（b）不同等离子体处理时间对 CA 纤维膜的润湿性影响；（c）Janus-CA 膜通量随分离次数的变化曲线；（d）基于 RC 制备 Janus 膜的示意图；（e）Janus 膜对水包油乳液的分离性能；（f）Janus 膜对油包水乳液的分离性能

1bar=10^5Pa

1,2- 二溴乙烷与水混合液、正己烷与水混合液的分离测试，Janus-CA 膜的分离率分别为 95.57%、96.23% 和 97.02%，通量分别为 41.74L/（m^2·h）、285.51L/（m^2·h）和 268.94L/（m^2·h），能够用于可持续油水乳液分离[图 2-5（c）]。Xie 等以再生纤维素（RC）膜为基材，以聚多巴胺（PDA）仿生构建超亲水性界面，并在另一侧喷涂超疏水性坡缕石黏土（SOATP），制得 Janus 型特殊润湿性膜[图 2-5（d）]。该 Janus 膜对水包油和油包水乳液的分离效率均大于 99%，且通量较好。通过循环分离测试，其分离效率和通量没有明显下降，表明结构稳定性良好，在特殊润湿性油水分离膜的设计中显示出良好的发展潜力和应用前景[图 2-5（e）、（f）]。

2.3 特殊润湿性材料的仿生制备技术

自“荷叶效应”与自然界其他生物有机体的特殊润湿性研究陆续公之于众，通过在固体材料表面构建微 / 纳二元分级结构，并以低 / 高表面能物质加以修饰来制备特殊润湿性材料成为科学界的共识。随着纳米技术与仿生学的蓬勃发展，世界各地的科学家与学者们纷纷涌向特殊润湿性材料的合成与多功能性设计领域，探索了多种高端技术手段，例如静电纺丝技术、湿法纺丝技术、溶胶－凝胶技术、喷/滴涂技术、刻蚀技术、化学沉积技术、模板技术、异相成核技术、电化学沉积技术、相分离技术、自组装技术、水热法、水热合成技术、磁控溅射技术、原位聚合技术、熔融－冷却凝固成型技术、等离子体处理技术、真空－高压浸渍技术、化学镀技术、交替沉积技术、3D 打印技术等。

2.3.1 自组装技术

自组装（self-assembly）是指基本结构单元（分子、纳米材料、微米或更大尺度的物质）自发形成有序结构的一种技术。自组装的过程并不是大量原子、离子、分子之间弱作用力的简单叠加，而是若干个体之间同时自发地发生关联并集合在一起形成一个紧密、稳定而又有序的整体，是一种整体的复杂协同作用。自组装法简便易行，无需特殊装置，通常以水为溶剂，具有沉积过程和膜结构分子级控制的优点。近年来，利用连续沉积不同组分制备膜层间二维甚至三维比较有序的结构，实现膜的光、电、磁等功能，甚至模拟生物膜合成的研究倍受重视。吉林大学孙俊奇教授课题组报道了一种利用层层自组装技术将粒径为 220nm 的 SiO_2 纳米球生长到粒径为 600nm 的 SiO_2 微球上的方法，整个体系呈树莓状微/纳二元分级结构。这些树莓状的球体经过疏水试剂接枝后，接触角达到了 157°，滚动角小于 5°。本课题组以带正电的聚二甲基二烯丙基氯化铵（PDMDAAC）聚合物以及带负电的 SiO_2 微球为原料，采用层层自组装法（LBL），利用十七氟癸基三甲氧基硅烷（FAS）作为疏水改性剂在棉织物表面制备了一种超疏水性薄膜。该超疏水性棉织物（图 2-6）的成功制得归因于由层层自组装法制得的 SiO_2 薄膜所提供的微米/亚微米级粗糙结构，低表面能材料 FAS 于薄膜表面的成功接枝。该研究所获得的超疏水性棉织物，其表面与水的接触角高达 155° ±2°，且具备较好的化学性能与机械稳定性，经曝露于室外、浸湿及机洗测试后，棉织物表面与水的接触角仍可达 150° 以上，展现出良好的防水性能，对扩大纺织品的应用领域有着十分深远的影响。

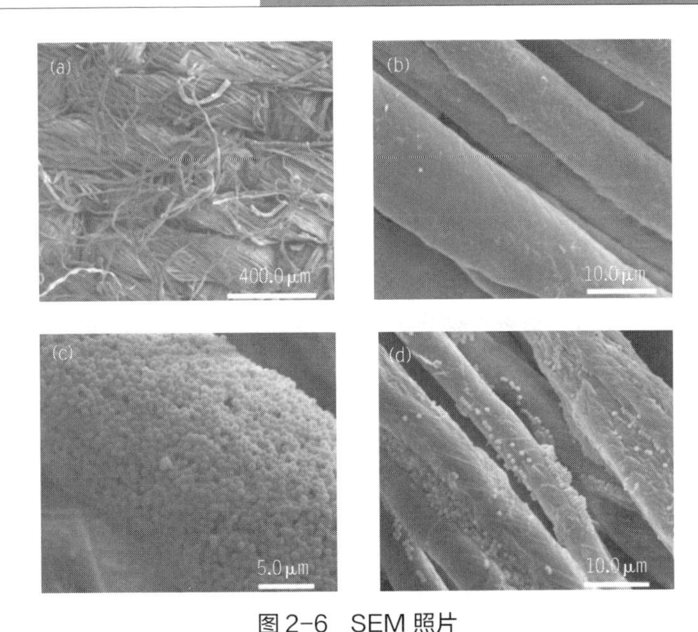

图 2-6　SEM 照片

（a）未处理棉织物（低放大倍数）；（b）未处理棉织物（高放大倍数）；（c）超疏水棉织物；（d）未经 PDMDAAC 处理改性的棉织物

2.3.2　喷 / 滴涂技术

喷涂法是一种简单且实用的制备粗糙表面的技术手段，对材料的形状、大小没有特殊的要求，适合连续化操作，而且用于喷涂的体系非常广泛。例如，可以是仅为一种溶质的单一体系，也可以是多种物质组成的混合体系；可以通过原位反应合成纳米级的粒子来增加粗糙程度，也可以通过加入纳米级粒子的方式来实现。Kim 等通过喷涂技术，以正硅酸乙酯（TEOS）、甲基三甲氧基硅烷（MTES）及聚乙烯吡咯烷酮（PVP）等组成的溶液作为喷涂液，制备二氧化硅超疏水涂层，其与水的接触角（WCA）可达 163°。笔者以 TEOS、SiO_2、十八烷基三氯硅烷、聚苯乙烯等组成的混合液为喷涂液，通过喷涂法制备出一种可以应用于油水分离领域的超亲油 – 超疏水性滤纸（WCA 为 153°），如图 2-7 所示。

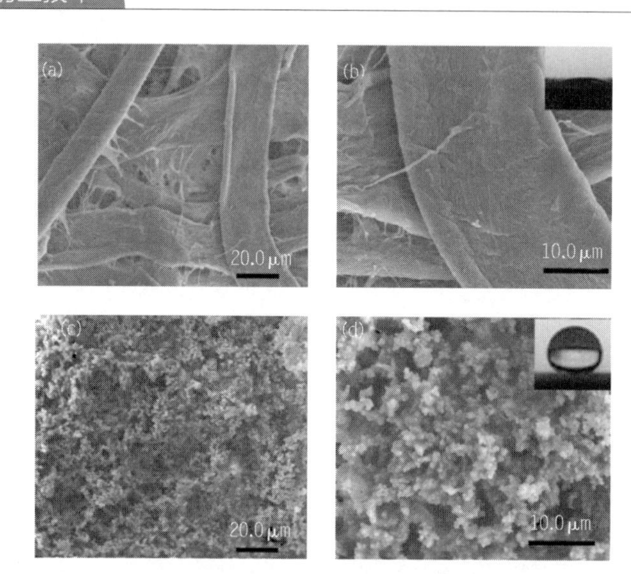

图 2-7　SEM 图像（一）

（a）、（b）未处理棉织物；（c）、（d）超疏水性棉织物

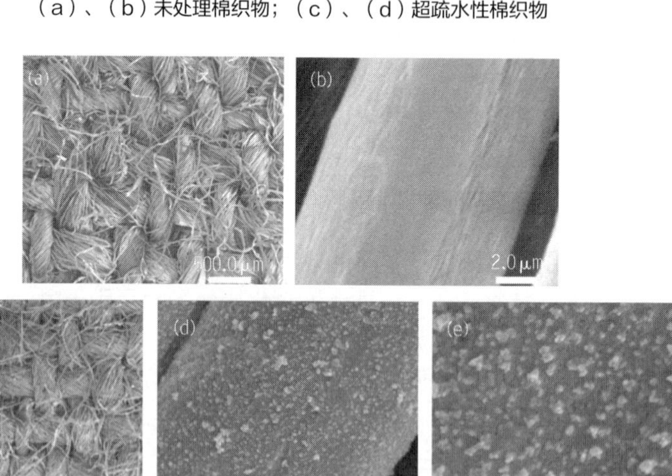

图 2-8　SEM 图像（二）

（a）、（b）未处理棉织物；（c）~（e）超疏水性棉织物

如图 2-8 所示，笔者还以自制 ZnO 纳米颗粒、硬脂酸、聚苯乙烯、

四氢呋喃、棉织物等为原料，制得了一种操作简单、稳定性好、亲油性强、重复使用性强、成本低廉、无污染且易于降解的超疏水性棉织物（与水的接触角可达 155° ±2°）。笔者利用 Cassie-Baxter 方程以及 Wenzel 理论模型，辩证地，同时也更深入地对该棉织物超疏水性能的根本原因进行了讨论。研究表明，该棉织物克服了超疏水性材料表面分级粗糙结构机械稳定性和化学稳定性较差等问题，即使将处理织物曝露于户外、沉浸于腐蚀性液体 / 常见有机溶剂，该棉织物与水的接触角仍能高于 150°；具备高效的油水分离性能以及广阔的应用前景，即该棉织物可以分离多种有机溶剂（如正己烷、正庚烷、甲苯、油酸、丙酮）与水的混合液。

2.3.3　溶胶 - 凝胶技术

溶胶 - 凝胶法（sol-gel 法，简称 SG 法）是一种条件温和的材料制备方法，是以无机物或金属醇盐作为前驱体，在液相中将这些原料均匀混合，并进行水解、缩合等化学反应，形成稳定的透明溶胶体系，溶胶经过陈化，胶粒间缓慢聚合，形成三维空间网络结构的凝胶，凝胶网络间充满了失去流动性的溶剂，再经热处理而制备出分子乃至纳米结构的氧化物或其他化合物固体。溶胶 - 凝胶法与其他方法相比具有许多独特的优点：①由于溶胶 - 凝胶法中所用的原料首先被分散到溶剂中而形成低黏度的溶液，因此，可以在很短的时间内获得分子水平的均匀性，在形成凝胶时，反应物之间很可能是在分子水平上被均匀地混合；②由于经过溶液反应步骤，更容易均匀定量地掺入一些微量元素，实现分子水平上的均匀掺杂；③固相反应时组分扩散是在微米范围内，与固相反应体系相比，溶胶 - 凝胶法使化学反应更易进行，需要的合成温度较低。本课题组通过溶胶 - 凝胶法在木材表面成功地合成了超疏水纳米二氧化硅涂层。超疏水木材表面（图 2-9）的合成包含以下两个步骤：①通过溶胶 - 凝胶法在木材表面合成纳米二氧化硅粒子；②木材表面纳米二氧化硅涂层的氟化改性。最终超疏水木材表面在纳米二氧化硅粒子构建高表面粗糙度和 POTS 薄膜修饰低表面能的共同作用下得到。超疏水木材表面的静态接触角达到了 159°，而滚动角小于 2°，水滴基本不能停留在该表面（极易滑离表面）。

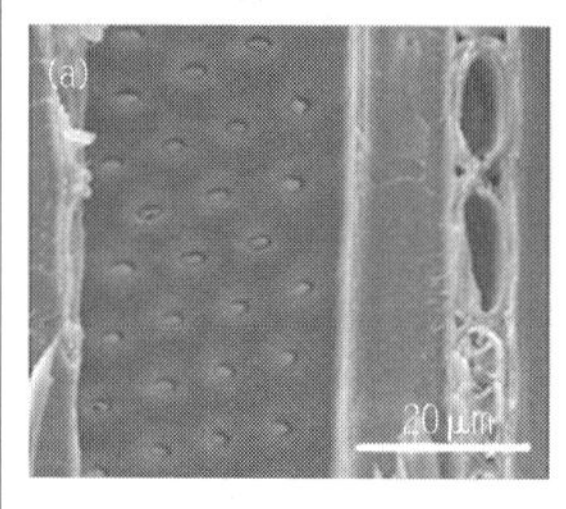

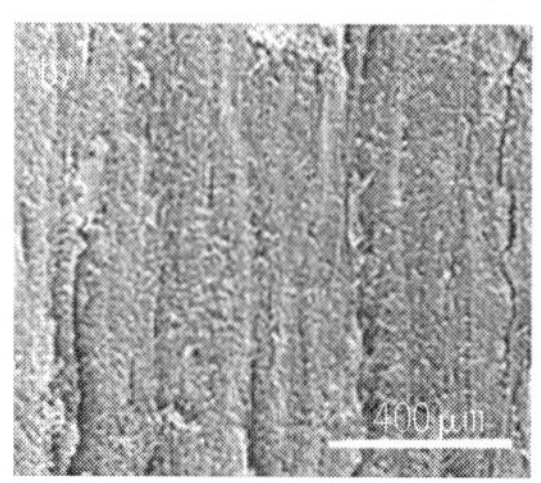

图 2-9　超疏水木材表面

（a）原始杨木；（b）、（c）溶胶 – 凝胶法制备超疏水二氧化硅复合杨木表面 SEM 图

2.3.4　化学沉积技术

化学沉积法是利用一种合适的还原剂使镀液中的金属离子还原并沉积在基体表面上的化学还原过程，主要分为化学气相沉积法和化学液相沉积法。化学气相沉积（chemical vapor deposition，CVD）是利用气态或蒸气态的物质在气相或气 – 固界面上发生反应生成固态沉积物的过程。化学气相沉积过程分为三个重要阶段：反应气体向基体表面扩散，反应气体吸附于基体表面，基体表面上发生化学反应形成固态沉积物及产生的气相副产物脱离基体表面。化学气相沉积的方法很多，如常压化学气相沉积（atmospheric pressure CVD，APCVD）、低压化学气相沉积（low pressure CVD，LPCVD）、超高真空化学气相沉积（ultrahigh vacuum CVD，UHVCVD）、激光化学气相沉积（laser CVD，LCVD）、金属有机物化学气相沉积（metal-organic CVD，MOCVD）、等离子体增强化学气相沉积（plasma enhanced CVD，PECVD）等。Hozumi 等通过微波等离子体增强化学气相沉积技术制备了一层防水薄膜，该薄膜与水的接触角随反应物总压力的增大而增大（可达 160°）。Zimmermann 等通过化学气相沉积技术，在棉织物表面原位合成了聚乙烯甲基倍半硅氧烷纳米丝，光滑的棉纤维表面经处理后附着一层致密的纳米丝状结构，与水的滚动角仅 2°。

化学液相沉积法（chemical liquid-phase deposition，CLD）是专为制备氧化物薄膜而发展起来的液相外延技术。其基本原理是从金属氟化物的水溶液中生成氧化物薄膜，通过添加水、硼酸或者金属 Al，使金属氟化物缓慢水解。其中，水直接促使氧化物生成，硼酸和铝作为氟离子的捕获剂，促进水解，从而使金属氧化物沉积在基体表面。该法要求对水解反应以及溶液的过饱和度有很好的控制。另外，薄膜的形成过程是在强酸性的溶液中进行的。当前，已可以采用 CLD 沉积的金属有 Ti、Sn、Zr、V、Cd、Zn、Ni、Fe、Al 等。整体而言，CLD 法工艺简单、成膜速率高、对环境污染小，为功能薄膜的生产开辟了一条新的途径。本课题组利用一种简单、便利的化学液相沉积法制备超疏水木材，其制备过程包括两个步骤：①木材表面构建微米尺度的 ZnO 薄膜；② ZnO 薄膜的表面改性。这种方法操作简单、耗能低，对于生产超疏水木材有着潜在的应用价值，具体表现在木材表面通过湿化学路线原位合成了粗糙的 ZnO 薄膜（图 2-10），该薄膜经硬脂酸表面改性后，使得木材表面呈现出了超疏水性能，即与水的接触角可达 153°。超疏水木材表面的获得有以下两个重要原因：①片状 ZnO 粒子竖立在木材表面构成了一个粗糙的表面；②硬脂酸的表面修饰降低了 ZnO 薄膜的表面能。超疏水木材在防水、自清洁、防污染等领域有着潜在的应用前景。

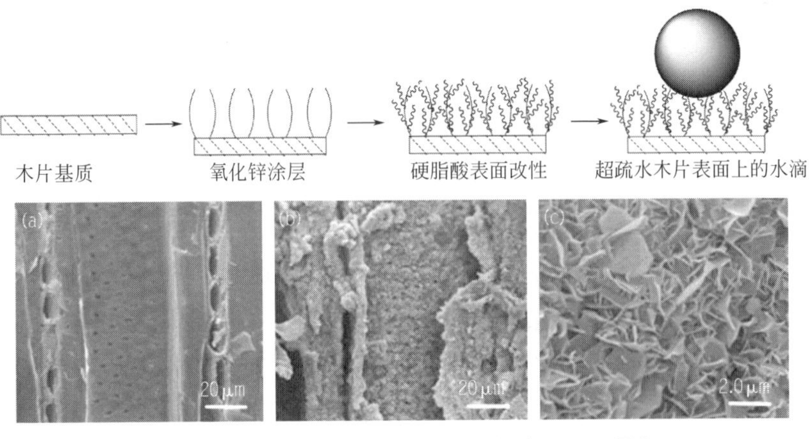

图 2-10　超疏水木片表面的形成过程与 SEM 图像

（a）原始木片；（b）、（c）超疏水木片

2.3.5 水热法、水热合成技术

水热合成技术可以分为亚临界水热合成技术和超临界水热合成技术。通常在实验室和工业应用中，水热合成的温度在 100 ~ 240℃，水热釜内压力也控制在较低的范围内，这是亚临界水热合成技术。为了制备某些特殊的晶体材料，如人造宝石、彩色石英等，水热釜被加热至 1000℃，压力可达 0.3GPa，这是超临界水热合成技术。

水热法指在密封压力容器中，以水作为溶剂，使粉体经溶解和再结晶来制备材料的方法，使用温度为 130 ~ 250℃，相应水的蒸气压为 0.3 ~ 4MPa。水热法制得的粉体具有晶粒发育完整、粒度小、分布均匀、团聚少、原料成本低、化学计量物和晶形易调控等优点，即通过调节水热过程中的反应条件，可以较好地控制纳米微粒的晶体结构、结晶形态与晶粒纯度。而且水热法既可以制备单组分微小单晶体，又可制备双组分或多组分的特殊化合物粉末，例如金属、氧化物和复合氧化物等粉体材料。水热法相较于其他粉体制备方法的优点如下。

① 与溶胶 – 凝胶技术、共沉淀技术等其他湿化学方法相比，其最大优点在于避免高温煅烧及其过程中造成的晶粒长大、缺陷形成和杂质引入；避免微粒团聚，免去了研磨及由此带来的杂质引入，使得制得的粉体具有较高的烧结活性。

② 水 / 溶剂热法的反应物活性可以得到一定改变和提高，即克服某些高温制备不可克服的晶形转变、分解、挥发等问题，获得固相反应难以制备出的材料。例如：水热条件下中间态、介稳态以及特殊相易于生成，可以合成介稳态或者其他特殊凝聚态的化合物、新化合物；能够合成熔点低、蒸气压高、高温分解的物质，并能进行均匀掺杂。

③ 相对于气相法和固相法，水 / 溶剂热法的低温、等压溶液条件，有利于生长缺陷极少、取向好的晶体，且合成产物结晶度高，易于控制产物晶体的粒度，所得粉体具有纯度高、分散性好、均匀、分布窄、无团聚、晶形好、形状可控、利于环境净化等优点。

于倩倩等利用亚氯酸盐 – 碱水解体系预处理天然轻木（NWS），用两步分别去除了木质素和半纤维素，提高了材料的亲水性和孔隙率，进一步通过水热法负载 Pd NPs 于其内部，制备了轻木 – 钯复合材料

（DHWSPd）。该复合膜与水的接触角为 0°，水下与油的接触角为 151.8°，表现出良好的超亲水－水下超疏油性，如图 2-11 所示。该轻木－钯复合材料可以高效地降解对硝基苯酚染料，其染料降解效率在 96% 以上，可为更环保地处理染料废水提供新的途径。

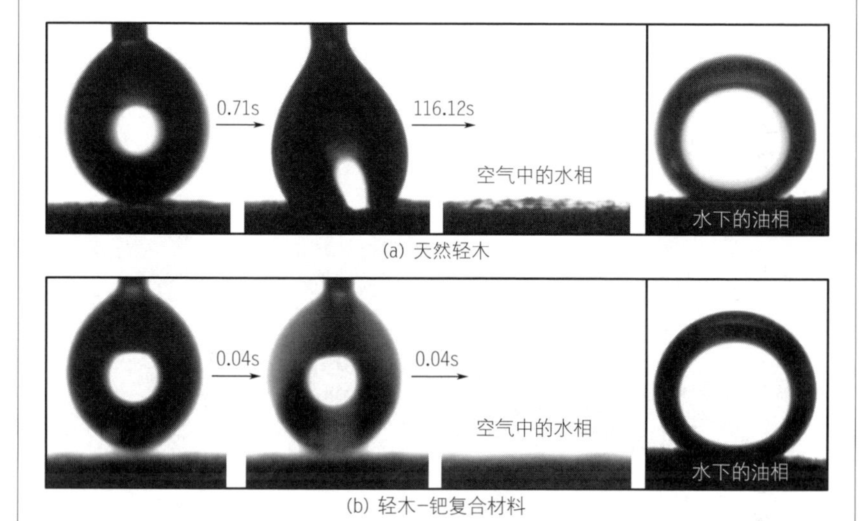

(a) 天然轻木

(b) 轻木–钯复合材料

图 2-11　NWS 和 DHWSPd 对空气中的水的润湿性和水下的油的润湿性

2.3.6　真空－高压浸渍技术

浸渍技术的基本原理：①固体的孔隙与液体接触时，由于表面张力的作用而产生毛细管压力，使液体渗透到毛细管内部；②活性组分在载体表面上的吸附。为了增加浸渍量或浸渍深度，可预先抽空载体内空气再加压，使用真空－高压浸渍技术。本课题组用轻木充当载体和还原剂，将银氨溶液通过先抽真空再加高压浸入木材内部发生氧化还原反应制备了 Ag@Wood 过滤器。如图 2-12 所示，轻木原有的结构和内部形貌不被破坏，轻木孔道内壁均匀分布着 Ag NPs，XRD（X 射线衍射图谱）和 XPS（X 射线光电子能谱）证明 Ag^+ 被轻木还原成 Ag NPs，并成功负载到轻木上。另外，本课题组探讨了 Ag@Wood 厚度以及载银量对于 MB 的降解效果，其中，0.05mol · L^{-1} 硝酸银溶液处理 7mm 轻木得到的 Ag@Wood 为最优，MB 降解效率为 94.4%，RhB 光催化降解效率也在 81.3% 以上（1 个太阳光照条件下），赋予了木材优异的催化性能。此外，Ag@Wood 过滤器具有超亲水 – 水下超疏油的特性（OCA 为 153°），对水包油乳化液具有良好的分离效果（10 次循环过滤效率≥ 97.2%），展现了良好的催化降解有机染料、分离油水乳化液等功能，解决了传统滤膜用于水处理过程中功能单一、污染物处理种类单一、应用面窄、处理效率低、强度不足等缺陷，具有较高的实用性与研究价值。

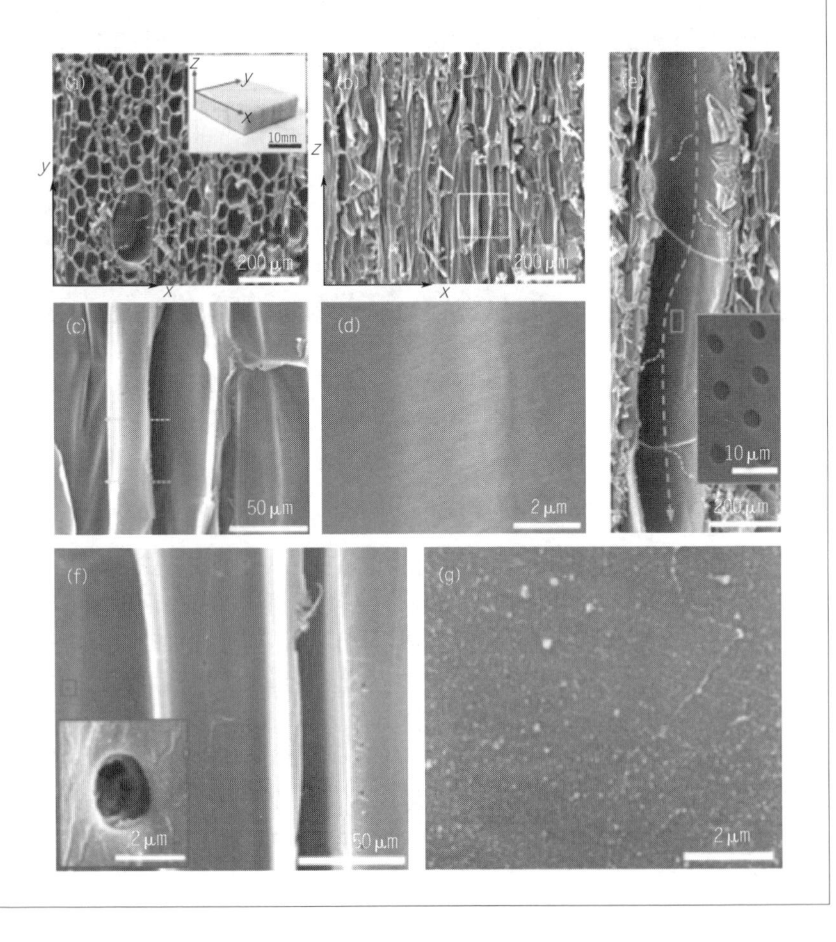

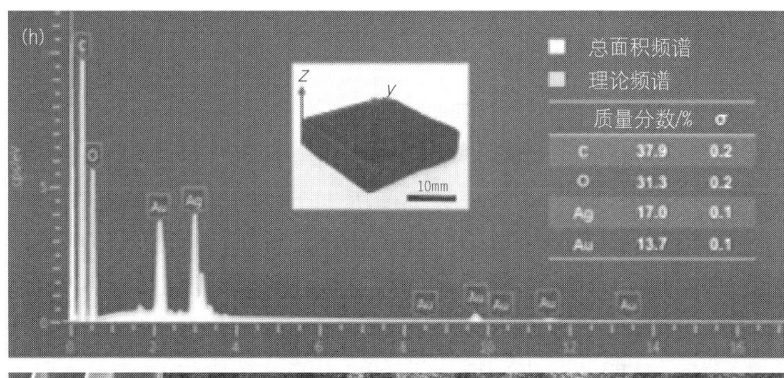

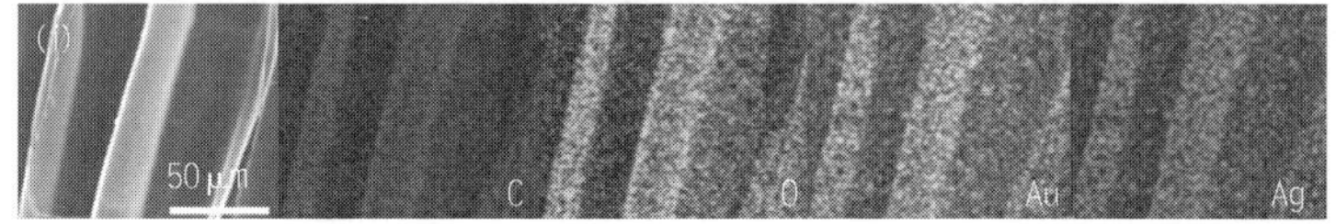

图 2-12　原始轻木与 Ag@Wood 的 SEM 图像

（a），（b）原始轻木的俯视图和侧视图；（c），（d）导管的微通道及其表面；

（e）~（g）Ag@Wood 的导管、相互连接的穿孔板及其表面的纹孔形态；

（h），（i）Ag@Wood 的 EDS 谱图及其相应元素映射

另外，本课题组将正硅酸乙酯、氨水、乙醇通过真空 - 高压浸渍技术注入杨木内部，使二氧化硅于杨木导管内部进行溶胶 - 凝胶作用，合成的纳米级二氧化硅与杨木的微米级导管共同创造了便于超疏水性界面合成的二维多级高强度的粗糙结构。而经过十八烷基三氯硅烷的进一步修饰，该杨木不但获得了突出的超疏水性能（其接触角可达 153°），而且得到了更好的化学性能与机械稳定性，使杨木沉浸于腐蚀性液体（酸液 / 碱液）和暴露于外界的条件下仍保留优异的超疏水性能，利用砂纸打磨或刀刮后，杨木的横切面仍能表现出良好的防水性能。最重要的是，本课题组制得的超疏水性复合杨木拥有十分广阔的应用前景，除了被提高的物理性能与机械强度以外，还可以赋予其优异的防腐、防雪、防污染、抗氧化性能，大大开拓了家具、地板、建筑材料等市场，同时，为超疏水性木材领域的进一步发展提供了良好的技术支持。

2.3.7 磁控溅射技术

物理气相沉积（PVD）是使材料源表面气化成原子、分子，并沉积在基体表面形成具有某种特殊功能的薄膜技术，主要分为真空蒸镀、溅射和离子镀三大类。作为一种物理气相沉积方法，磁控溅射技术是一种重要的沉积镀膜手段，其工作原理如下：在阴极靶材与阳极基底之间施加直流电压形成电场，真空环境下通入一定流量氩气（Ar），Ar 与电子（e^-）碰撞发生电离产生阳离子 Ar^+，Ar^+ 因磁场作用被束缚在阴极靶材区域，并加速轰击靶材，被溅射出的气相中性靶材原子自由沉积在基体上形成镀层。目前，磁控溅射已成为沉积各种重要工业涂层（例如：耐磨涂层、低摩擦涂层、耐腐蚀涂层、装饰涂层和具有特定光学或电学特性的涂层）的工艺替代方法。与化学气相沉积、溶胶－凝胶处理、静电纺丝和化学蚀刻法等传统方法相比，这种方法更简单，更易于控制，适用于任何形状的基材，不需要严苛的操作条件。

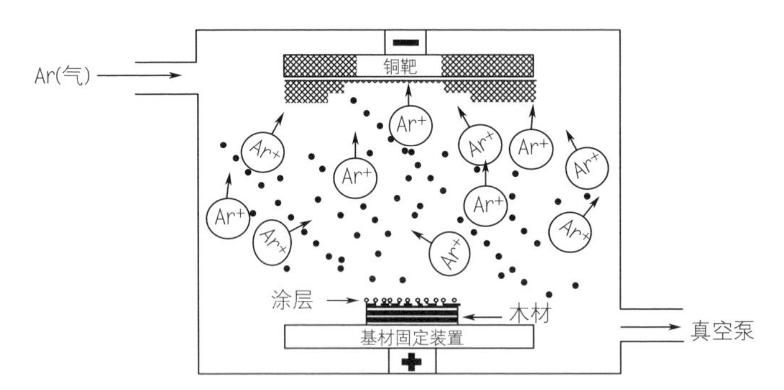

图 2-13 通过磁控溅射设备在木材上沉积铜膜

Bang 等通过射频磁控溅射技术将 ZnO 薄膜沉积在具有不同缓冲层厚度的 *c* 面蓝宝石衬底上来改善其粗糙度。Khedir 等通过磁控溅射技术制备纳米结构薄膜。Kozono 等研究了 Fe 和 Cu 单层薄膜的结构和磁性。然而，鲜有关于在木材表面磁控溅射铜层研究的报道。目前，大多木质工艺品的表面保护基本都是表面刷漆打磨，该方法常常使木材失去其天然粗糙手感，同时也封闭了木材表面的多孔结构，使其失去树脂、树胶、芳香油等的独特的气味。芳香油独特的香气可以影响人的神经、内分泌系统，降低由精神压力引起的抑郁，同时这种香气可以使人放松，使气氛温馨。包文慧等通过直流磁控溅射的方式（图 2-13），在木材横切面的细胞壁上生长 30 ~ 150nm 厚度的 Cu 纳米薄膜，探讨膜层溅射厚度对木材表面形貌的影响，希望利用膜层的形貌与木材孔道结构的搭配，形成具有一定粗糙度的微 / 纳层级结构，所得木材经低表面能物质修饰后，达到超疏水效果，此时与水的接触角为 154° ±1°。

2.3.8　模板技术

模板技术是一种利用选定模板的限域作用，或模板与材料之间的识别作用，控制纳米材料的尺寸和形状的技术。模板技术最为突出的优点在于可以使制得的材料结构更加可控和有序。常用的模板材料有分子筛模板、金属模板、嵌段聚合物模板、单层纳米小球模板、阳极氧化铝（AAO）模板、生物分子模板、沸石分子筛模板、碳纳米管模板等。Wang 等利用单层聚苯乙烯小球为模板，首先在小球的表面沉积二氧化钛；然后通过离子束刻蚀，将小球上半部分连同表面的二氧化钛一起刻蚀除去；最后将剩余的半球利用甲苯刻蚀除去，得到了二氧化钛的纳米碗状阵列结构。清华大学的王晓工教授课题组将聚二甲基硅氧烷的预聚体压印在荷叶的表面，预聚体聚合后被揭起，即得到与荷叶表面完全相反的反相聚二甲基硅氧烷（PDMS）结构模板，随后以此模板在高分子表面利用模板技术再次压印，得到与 PDMS 模板表面形貌刚好相反的高分子图案，而这种图案与荷叶表面的形貌完全一致，如图 2-14所示。测试其表面与水的接触角为 156°，而平滑高分子表面与水的接触角只有 82°。

2.3.9　原位聚合技术

原位聚合法是从纳米复合材料中发展而来的，其原理是把反应性单体（或其可溶性预聚体）与催化剂全部加入分散相（或连续相）中（基材为分散相），由于单体（或预聚体）在单一相中是可溶的，而其聚合物在整个体系中是不可溶的，所以聚合反应在基材上发生。反应开始后，

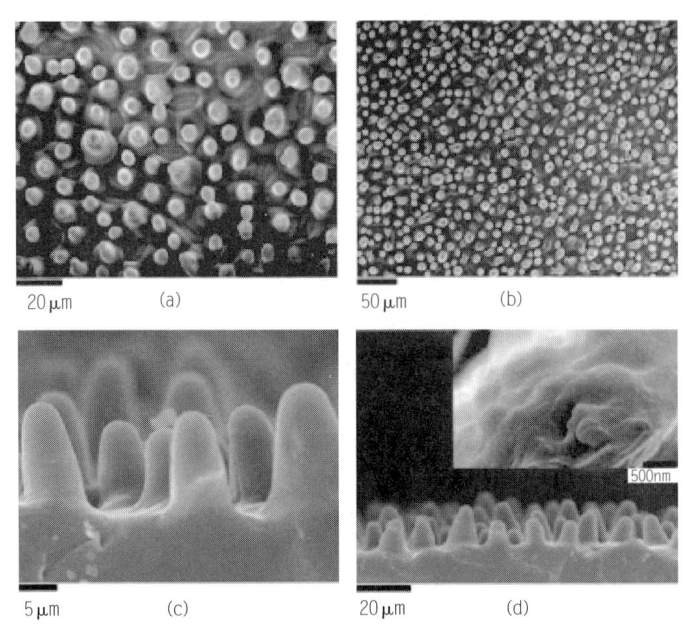

图 2-14　模板技术制备仿荷叶高分子图案表面的 SEM 图像

单体预聚，预聚体聚合，当预聚体聚合尺寸逐步增大后，沉积在基材表面。本课题组以预处理轻木为基材，采用真空 - 加压浸渍技术与水热法在其孔道中原位生长 Ag NPs 制成 Ag@Wood，联合原位聚合技术于 Ag@Wood 表面负载 PPy 纳米薄层制得 PPy@Ag@Wood，如图 2-15 所示。将 PPy@Ag@Wood 进行硬脂酸疏水改性，并进一步刮去单侧超疏水涂层露出超亲水内里，最终制得 Janus 型特殊润湿性木膜。

研究表明，Janus 型特殊润湿性木膜的亲水面朝上过滤 MB 溶液与水包油乳化液时，不但拥有良好的有机染料催化降解效果（86.4%）与水包油乳化液分离效果（>97%），满足实际污水净化的多种要求；而且疏水面具备油吸附功能，利用 Janus 型特殊润湿性木膜的疏水层进行油的吸附，吸油能力最高可达自身质量的 8.5 倍。此外，Janus 型特殊润湿性木膜疏水面朝上放入模拟海水中，可以作为太阳能蒸发器进行海水淡化，短时间内使 Janus 型特殊润湿性木膜上表面迅速升温，

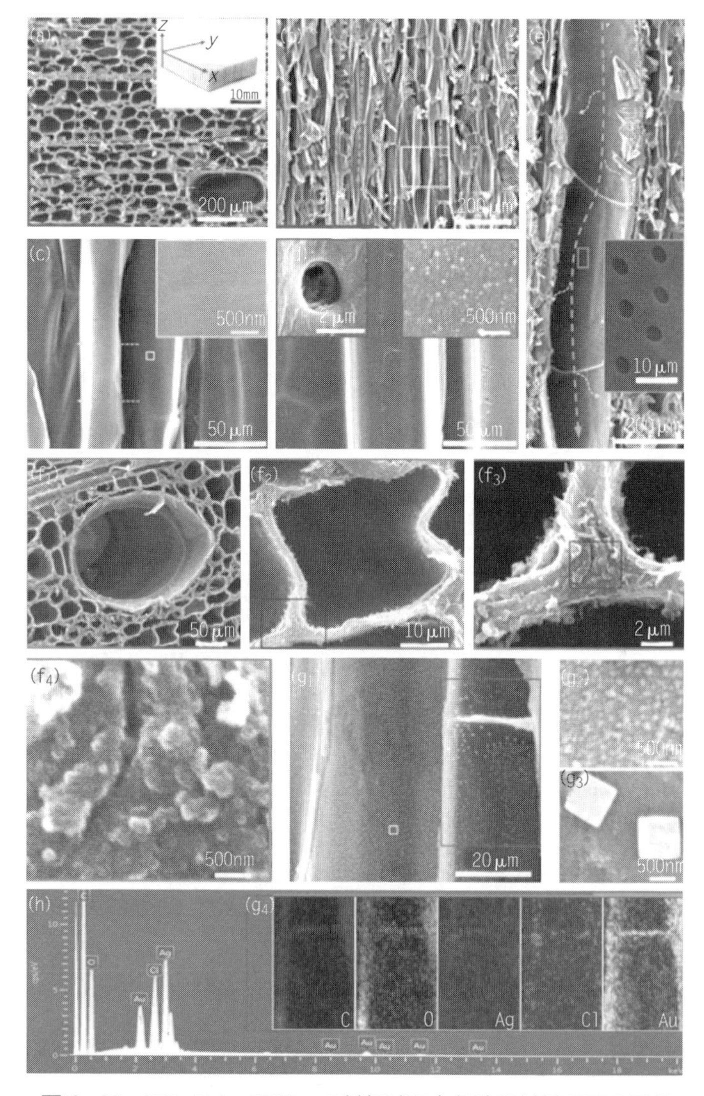

图 2-15　PPy@Ag@Wood 制备过程中各阶段材料 SEM 图像

（a）原始轻木俯视图；（b）原始轻木侧视图；（c）原始轻木微通道及其表面；（d）Ag@Wood 微通道及其表面；（e）穿孔板互连的细长通道；（f_1）～（f_4）不同放大倍数的 PPy@Ag@Wood 俯视图；（g_1）～（g_3）PPy@Ag@Wood 侧视图；（g_4）PPy@Ag@Wood 的元素映射；（h）PPy@Ag@Wood 的能谱图

5min 内可以升高到 42℃，蒸发速率（1.32kg · m^{-2} · h^{-1}）与热转化效率（95.33%）高。模拟海水淡化后的水体，完全达到了世界卫生组织制定的饮用水标准。Janus 型特殊润湿性木膜作为污水净化过滤器、油水分离以及海水淡化组件具有广阔的应用前景。

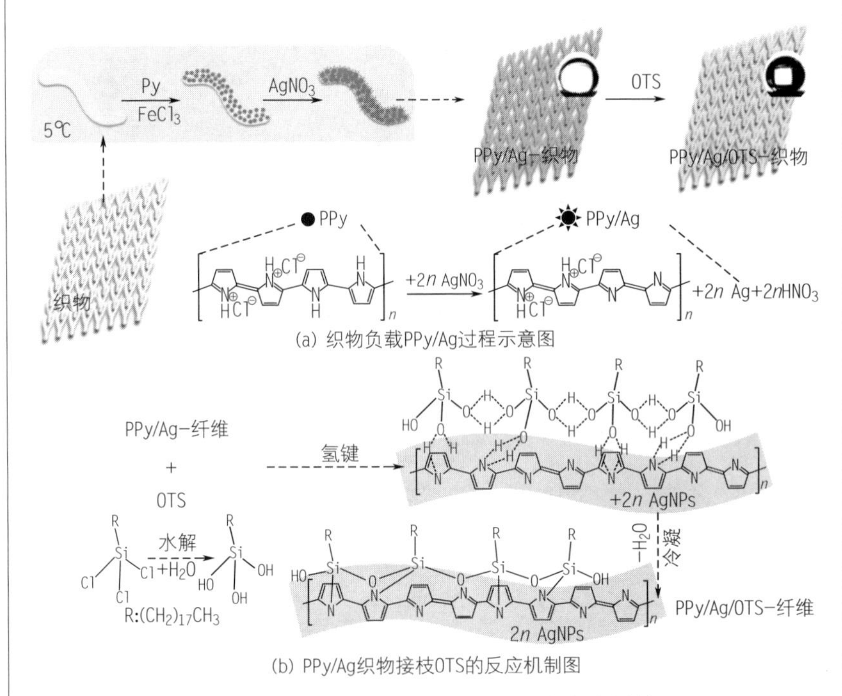

图 2-16 导电抗菌型特殊润湿性纤维复合材料

如图 2-16 所示，笔者通过原位聚合法将 PPy/Ag NPs 负载于纤维织物表面，再通过十八烷基三氯硅烷（OTS）化学改性处理制得两种导电抗菌型特殊润湿性纤维复合材料，即超亲水 - 水下超疏油性（OCA 为 160°）、超疏水（WCA 为 149°）- 超亲油性复合材料。除了特殊润湿性，该纤维复合材料还兼具抑菌（金黄色葡萄球菌、枯草芽孢杆菌和大肠杆菌）、导电和油水乳化液分离（甲苯包水乳液分离效率为 99.85%，水包氯仿乳液分离效率为 99.79%）功能。通过抑菌圈实验、油水乳化液过滤实验、导电测试、耐摩擦及耐酸碱实验，证明了该特殊润湿性纤维复合材料的多功能性和耐久性，为开发智能服饰提供便利与重要依据。

2.3.10　异相成核技术

聚合物结晶过程分为晶核形成与晶体生长，其中，晶核形成的方式可分为均相成核与异相成核。均相成核指高分子熔体冷却过程中部分分子链依靠热运动形成有序排列的链束而成为晶核，而异相成核指以聚合物熔体中的外来杂质或未完全熔融的残余晶粒为中心，吸附熔体中的高分子链有序排列形成晶核。Onda 等采用异相成核法，将蜡状烷基正乙烯酮二聚体（AKD）置于玻璃板上，先在 80 ~ 100℃下熔化，再在 N_2 气氛中冷却凝固，最终得到花状分形结构表面。经测试，水滴在这种表面的接触角高达 174°，极易滚动，而这种超疏水效果源于该低表面能材料表面所具备的微 / 纳米分层结构。东华大学朱美芳院士课题组利用纳米硫化钨（WS_2）对聚（3- 羟基丁酸酯 -co-3- 羟基戊酸酯）共聚物（PHBV）优异的异相成核活性，降低 PHBV 结晶成核活化能，且不影响 PHBV 晶体生长过程；然后基于异相成核和拉伸取向协同诱导纤维 α 晶→ β 晶的晶型转变，获得了拉伸强度高、断裂伸长率大的熔纺 PHBV 纤维，如图 2-17 所示。

2.3.11　刻蚀技术

刻蚀的机制，按发生顺序可分为反应物接近表面、表面氧化、表面反应、生成物离开表面等过程；按媒介主要分为等离子刻蚀技术、湿刻蚀技术与光刻蚀技术。

（1）等离子刻蚀技术　以气体作为主要的刻蚀媒介，由等离子体能量驱动反应，用于将材料按图形设计自基材表面上移除。另外，采用等离子处理机还可以对薄膜、UV 涂层、塑料、金属、木材或者布料等进行一定的物理、化学改性处理，用于清洁和活化基材，继而提高其表面与其他材料的附着力。

等离子刻蚀技术由下列两种模式单独或混合进行：

① 等离子体内部所产生的活性反应离子与自由基在撞击基材后，

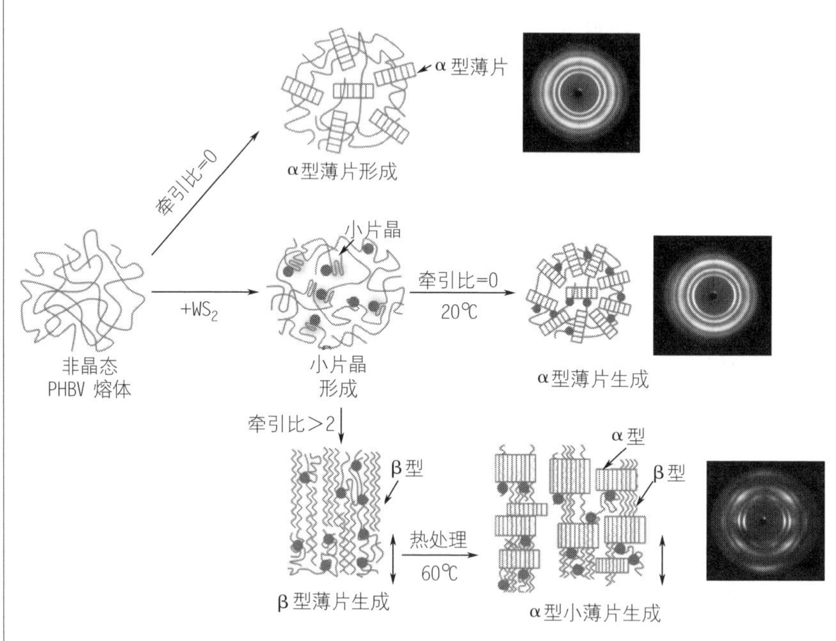

图 2-17　异相成核与拉伸诱导对 PHBV 纤维结晶结构的调控机制图

与之表面某种成分起化学反应，并通过抽气将其排出，完成刻蚀过程；

② 等离子体因加速而具有足够的动能来扯断薄膜的化学键，进而将基材分子打击或溅击出来，完成刻蚀过程。

如图 2-18 所示，笔者通过冷等离子体和碱液退浆法预处理棉织物基材表面，采用溶胶 - 凝胶法、高温水浴法与高温煅烧法合成 Ag@SiO_2 球形颗粒，进一步联合 PU 与全氟硅烷（FAS-18）的使用，通过简单的喷涂技术构建了长效、耐久、稳定的抗菌 - 特殊润湿性“除油型”油水分离棉织物产品。具体地，笔者将 PU 与丙酮按照一定比例混合制得喷涂试剂 A，通过溶胶 - 凝胶法、高温水浴法与高温煅烧法合成了 Ag@SiO_2 球形颗粒，随之制得喷涂试剂 B。等离子体预处理的棉织物通过试剂 A、B 的简单喷涂和 FAS-18 等进一步处理制得抗菌 - 超疏水性棉织物。A 试剂与 B 试剂喷涂次数为 3 次时，各方面效果最佳，进一步氟化处理后，该棉织物具有超疏水耐久性，可以承受高压水柱的

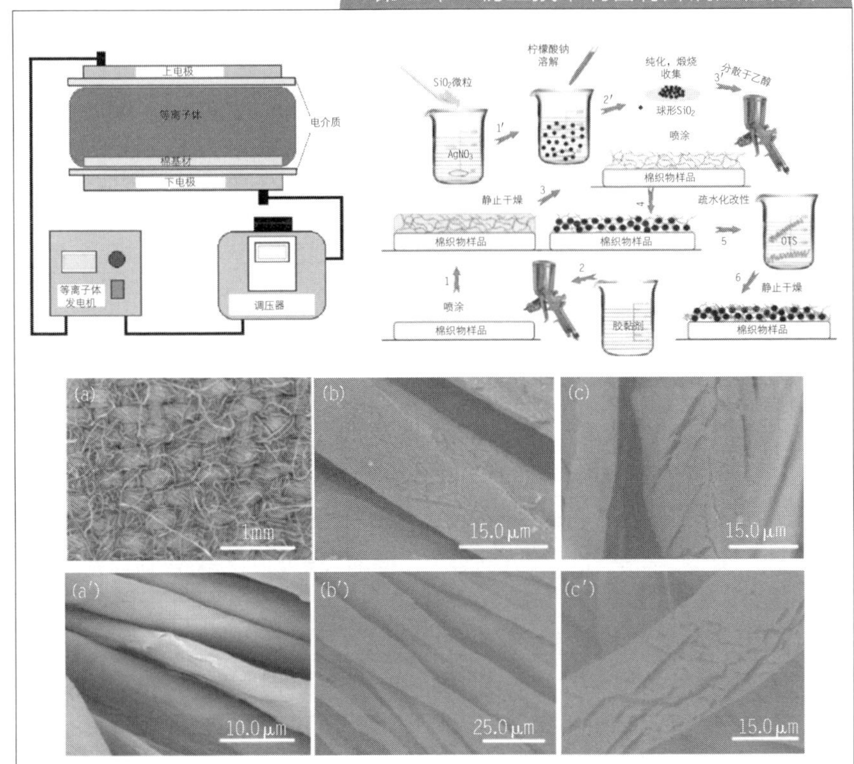

图 2-18　冷等离子体预处理装置以及抗菌 - 超疏水性棉织物的合成路线图

冲刷和多次砂纸擦拭，以及多次有机溶剂、无机强酸的冲洗。另外，该 Ag@SiO_2/PU 复合棉织物不但可以作为过滤介质实现实验室少量油水混合液的分离，而且可以经过进一步剪裁设计完成大量油污的吸附，是一种性能优异的特殊润湿性“除油型”薄膜材料，可解决传统含油废水处理效率低、能耗大等问题。更重要的是，该棉织物还展示了突出的抗菌性能，可以有效抑制革兰氏阳性菌与革兰氏阴性菌在其表面的繁殖，有望作为新型的功能性医用防护面料，用于医护人员的工作服、口罩、手术包等，为功能与智能化生物质基网膜材料的设计者们提供一定理论依据。

图 2-18 中，（a）、（a′）为未处理的棉织物 SEM 图像；（b），（c）为等离子体处理棉织物的 SEM 图像，处理的距离分别为 9mm

和 5mm，对应碱洗处理棉织物如（b′）、（c′）所示

（2）湿刻蚀技术　是成本最低的刻蚀方式，改变刻蚀液浓度，增加刻蚀温度并加入搅拌，均能有效提高刻蚀速率。

① 等向性刻蚀——对刻蚀基材任何方向的腐蚀速度并无明显差异，即一旦设计好刻蚀掩膜的图案，暴露区域即被迅速腐蚀；或只要刻蚀液具备高选择性，便可以确定刻蚀位置与刻蚀深度。

② 非等向性刻蚀——对刻蚀基材的腐蚀速度在不同方向上存在明显差异。

（3）光刻蚀技术　是指在光照作用下，借助光致抗蚀剂（又名光刻胶）将掩膜版的图形转移到基片上的技术。其主要过程如下：

① 紫外线通过掩膜版照射到附有一层光刻胶薄膜的基片表面，引起曝光区域的光刻胶发生化学反应；

② 通过显影技术溶解去除曝光区域或未曝光区域的光刻胶（前者称正性光刻胶，后者称负性光刻胶），使掩膜版的图形被复制到光刻胶薄膜上；

③ 利用刻蚀技术将图形转移到基片上。

McCarthy 等以硅片为基底，采用光刻蚀技术制备出具有不同粗糙程度的条柱状结构表面，然后以长链烷烃类有机物等低表面能物质进行处理，得到与水的接触角超过 160° 的超疏水性表面。相较于光刻蚀技术这类物理手段，化学刻蚀技术则是一种更为简单和常用的方法。He 等将打磨后的钢和铝合金浸没于硝酸和过氧化氢的混合溶液中进行腐蚀，再通过二环己基二亚胺和硬脂酸的正己烷溶液处理，成功制得具备超疏水效果的金属表面。陈烽等为了模拟自然界中鲨鱼鳞片的微 / 纳米层级结构，将镍表面浸在蔗糖溶液中，经过飞秒激光烧蚀后，该表面在水环境中表现出超强的疏油性能，油滴的接触角为 160°；为了复制蝴蝶翅膀的微结构，他们还采用飞秒激光逐线照射形成微凹槽表面，构建了各向异性的蝴蝶翼状台阶，通过施加和释放力引导水滴“下潜”形成超亲水表面。陈烽教授领导的飞秒激光仿生微纳制造团队，基于飞秒激光直写技术在热响应型 SMP 表面上构筑出微柱型阵列结构，如图 2-19 所示，所制备的微结构显示出优异的超疏水性。当在外力的作用下，微柱阵列结构发生倾斜变形后，表面的超疏水性会发生下降，对水滴的黏滞性增大。经简单加热处理，SMP 的形状记忆特性会使得倾斜的微柱

恢复到原始的竖立状态，表面润湿性也恢复到最初的极低黏滞性超疏水状态。通过多次反复的碾压 - 加热处理，表面微结构及润湿性能够重复可逆地被调制。

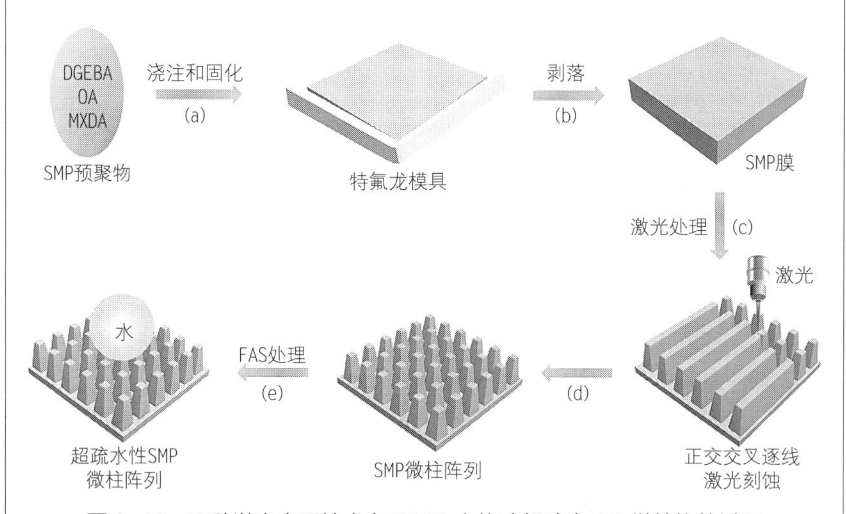

图 2-19　飞秒激光直写技术在 SMP 上构建超疏水 3D 微结构的过程

2.3.12　电化学沉积技术

电化学沉积技术是一种简单、高效、廉价并且不受基底形状限制的制备粗糙结构的技术，是指在外电场作用下通过电解质溶液中正、负离子的迁移并在电极上发生氧化还原反应而形成镀层的技术。在阴极产生金属离子的还原而获得金属镀层，称为电镀；在阳极发生阳极金属的氧化而形成氧化膜，称为金属的电化学氧化。

电沉积过程发生于电极 - 溶液的界面，要理解镀层沉积原理，需分析电极 - 溶液界面的基本反应和与此相联系的各个反应步骤。电沉积进行时，电流从一个固体相的电极通过界面流入溶液，然后又穿越溶液与另一个电极的界面从另一个电极流出。电荷的传递由一系列性质不同的步骤串联而成，在有些情况下还可能包含某些副反应。由于串联的约束，整个过程中各步骤的进行速度要被迫趋于相等，这样电极上不可逆反应速度才能进入稳定状态，电子才能按顺序正常地流动。金属电沉积过程可以分为传质过程、表面转化、电化学步骤及相生成，整体反应速度将受反应最难或最慢的步骤控制，一般液相传质步骤进行得比较慢，因而该步骤常决定整个电极反应的进行速度。电化学沉积技术的特点如下。

① 电解质溶液配方决定导电能力的强弱，直接影响通过电流的大小与多少。

② 电流通过电解质溶液时，通过电极的电量与发生电极反应的物质的量成正比。

③ 外加电压的大小能够改变离子的迁移速度，而离子传输的电量则与离子的迁移速度成正比，即外加电压与离子传输的电量成正比关系。

④ 电解质溶液的浓度和温度直接决定着离子迁移数，也决定着该种离子所传输的电量在通过溶液的总电量中所占的比例。在相同电场力作用下，不同离子的迁移速度不同，离子的迁移速度与离子的活度、价数及络合离子半径等因素有关。

⑤ 电流通过电极时，电极电位就偏离平衡电极电位而产生极化。在其他条件相同时，极化与流过电极的电流密度有密切关系，即通过电极的电流密度愈大，电极电位偏离平衡电极电位也愈大，极化作用愈大。在电镀生产中，为了获得结晶致密的镀层，必须使阴极在较大的极化条件下进行金属的电沉积过程。在镀液中加入络合剂来增强阴极极化是提高金属电沉积镀层质量的有效方法。

⑥ 电沉积过程中，在阴极上析出的金属的分布不仅与电流密度分布有关，还与其在远、近阴极上析出时的电流效率有关。

⑦ 金属离子还原的可能性，原则上只要阴极的电极电位足够负，任何金属离子都可能在阴极上被还原并电沉积。

电化学沉积技术是一种通过调节电解液组分、电压、电流和工艺等参数，便可以精准地控制镀层的组分、晶粒大小、晶粒组织的技术。Zhang 等采用电化学沉积技术，在硅片基底表面合成了一种 Au 树枝状结构，经进一步改性处理后得到很好的超疏水性能，即与水的静态接触角大于 150°，滚动角小于 5°。Shi 等则通过电化学沉积技术在基材表面得到 Ag 树枝状结构，利用十二烷基硫醇单分子膜处理，其表面与水的接触角可达 154°。此外，利用电化学沉积技术还可以得到 Co、Ni 等微 / 纳分级结构，继而通过低表面能物质接枝与改性处理，获得超疏水性表面，如图 2-20 所示。

图 2-20　电化学沉积技术构筑 Co 与 Ni 微 / 纳分级结构的 SEM 图像
（a），（b）Co；（c），（d）Ni

2.3.13　化学镀技术

化学镀技术也称无电解镀或者自催化镀，是无外加电流下借助合适的还原剂，使镀液中金属离子还原成金属，并沉积到基材表面的一种镀覆方法。化学镀技术与电化学沉积技术的最大区别在于虽然都是在溶液中进行氧化还原反应，但前者是通过化学镀液在基材的自催化作用下在基材表面直接形成镀层，后者则是在外加电场作用下通过电解质溶液中正、负离子的迁移而在电极上发生氧化还原反应形成镀层。另外，化学镀技术废液排放少，对环境污染小，且成本更低，在许多领域已逐步取代电镀，成为一种环保型的表面处理工艺。

化学镀层可镀覆于金属基体和非金属基体，既可以镀覆较大的基体，亦可镀覆细小的粉末基体，特别是非金属表面的金属化。化学镀层金属较多，迄今，实用的化学镀层有镍、钴、钯、银、铜、金、锡等和多种二元或多元合金，以及一些金属基质或合金基质复合镀层。其中，化学镀镍（实际上是镍磷、镍硼）、化学镀铜、化学镀锡得到较为深入的研究、开发和工业应用。化学镀层赋予基体各种性能，特别是耐磨性好、耐蚀性好、光泽度高、表面硬度高、电阻低、可焊性好、耐高温等，而且该技术具备结合强度大、仿型性好、工艺技术高、适应性强等优点。另外，与电镀相比，化学镀过程不存在电力线分布的问题所导致的镀层的不均匀沉积，所以化学镀不仅可镀覆比电镀件形状更复杂的镀件，而且镀层厚度均匀。

东北林业大学王立娟教授课题组以桦木单板为基材，利用 $NaBH_4$ 处理后直接进行化学镀镍制备电磁屏蔽复合材料。研究 $NaBH_4$ 浓度、浸渍时间、施镀时间和 NaOH 浓度对表面电阻率的影响。分别采用扫描电镜（SEM）和 X 射线衍射（XRD）分析对比 $NaBH_4$ 处理和胶体钯活化所得复合材料的表面形貌和组织结构，利用频谱仪和直拉法分别测定电磁屏蔽效能和镀层附着强度。结果表明：利用 4g/L 的 NaOH 配制 3g/L 的 $NaBH_4$ 溶液处理 5 ~ 10min，化学镀镍 20min，此条件下制备的复合材料的表面电阻率低于 150mΩ/cm^2，在 9kHz ~ 1.5GHz 频段电磁屏蔽效能高于 60dB。$NaBH_4$ 处理所得复合材料的电磁屏蔽效能高于胶体钯活化所得的；从表面形貌上观察，两种方法均可得到均匀、连续和致密的镀层，被镀层完全覆盖的木材表面，具有金属光泽；XRD 分析表明 $NaBH_4$ 处理所得镀层较厚且结晶状态更佳，木材和镀层之间为物理结合；强度测试显示两种方法所得镀层均与木材表面结合牢固。谢序勤等以非洲白梧桐单板为基材，采用化学镀法对施镀工艺条件及施镀前后单板的性能进行了研究。当镀液 pH 值为 9.2 时，单板于 90℃环境下施镀 40min 即可达到良好的化学镀效果；镀后单板在 9kHz ~ 1.5GHz 范围内，其电磁屏蔽效能达到 45dB 以上；镀后单板的表面镀层均匀、连续、有金属光泽，且保留了木材的纹理，如图 2-21

所示；研究还发现镀层为 Ni–Fe–P 三元合金，其中 Ni 为主要成分，Fe 和 P 的含量相对较少，镀层为晶态结构；镀层的腐蚀电位及腐蚀电流密度分别为 −0.301V 及 7.58×10^{-6}A/cm^2，耐腐蚀性相比 Ni–P 合金显著提升。

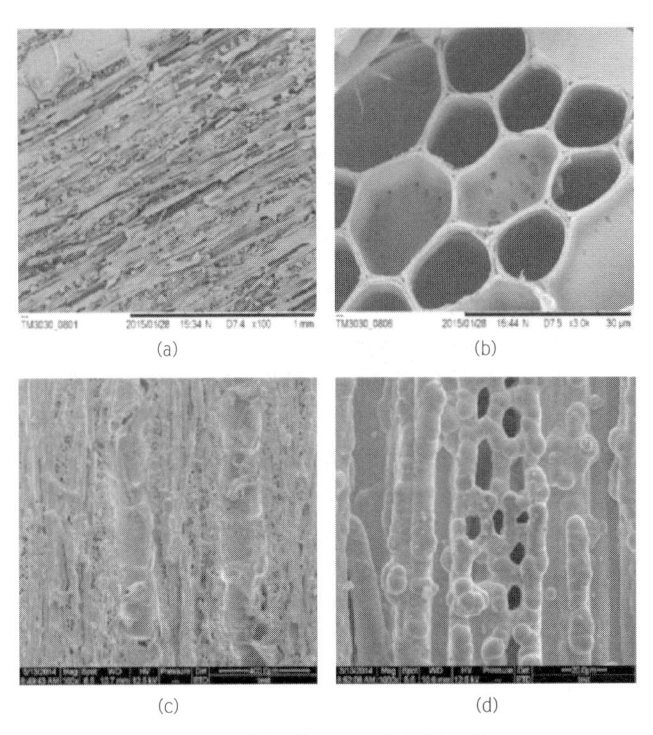

图 2–21 镀后单板表面的扫描电镜图

（a），（b）镀前；（c），（d）镀后

2.3.14 相分离技术

蜂巢是蜜蜂智慧的结晶，其结构高度规整并且十分稳固，呈现六方最密堆积形式。此类结构的广泛存在侧面说明了该种排列方式具有一定的自发性，且当此类结构的尺度缩小至微 / 纳米尺度时，将表现出独特的性能。制备蜂窝状多孔结构的方法可以根据加工方式大体分为自上而下法和自下而上法。自上而下法指通过微加工的方法使材料在尺度上实现微型化，例如刻蚀技术；自下而上法指利用物质间相互作用，自发形成多孔结构，例如相分离技术。

相分离技术指将聚合物的非溶剂引入聚合物和其良溶剂组成的均相体系中，继而将聚合物溶液分离为两相，即聚合物富集相和聚合物贫瘠相。溶剂挥发完全后，聚合物富集相形成聚合物薄膜的主体结构，而聚合物贫瘠相则在溶剂挥发的过程中被除去形成孔隙结构。相分离技术的发生通常有两种形式。一种是通过从周围空气中吸收非溶剂蒸气（通常为水蒸气），进行气相诱导分离，即呼吸图法。其原理是在较高湿度环境中，利用低沸点溶剂率先挥发导致聚合物溶液表面温度降低至水的露点，使得空气中的水蒸气遇冷凝结在气液界面处，继而自组装形成水滴模板，待溶剂和微液滴均挥发后得到规整的蜂窝状多孔结构。

另一种是非溶剂诱导相分离技术，即通过聚合物溶液中高挥发性溶剂和低挥发性非溶剂的相继蒸发，使得非溶剂 / 溶剂的比例相应增加，从而促进非溶剂诱导的相分离发生。和前者类似，该法也是利用可挥发不良溶剂作为致孔模板，不同的是聚合物的不良溶剂预先被引入到聚合物及其良溶剂中，通过聚合物的加入使得聚合物 – 良溶剂 – 不良溶剂三元体系分解为两相，即聚合物富集相和聚合物贫瘠相，聚合物富集相转化为膜基质，聚合物贫瘠相转化为致孔剂。但后者实际上是前者的拓展延伸，区别在于非溶剂诱导相分离法是在聚合物溶液中预先引入不良溶剂相，相比于前者对聚合物结构、环境湿度等条件的高要求，后者对聚合物种类以及环境湿度的依赖性明显降低。

张潇宇等选用了成膜性良好的聚甲基丙烯酸甲酯（PMMA），使用一定比例的聚合物良溶剂氯仿及其非溶剂甲醇的混合溶剂进行处理，借助于非溶剂诱导产生的相分离行为制备出了高度规整有序的聚合物多孔膜。通过调节聚合物溶液浓度、混合溶剂配比、混合溶剂的搅拌时间、溶剂挥发时的环境湿度以及基底的种类来探究影响多孔结构形成的因素，并利用计算机模拟对非溶剂诱导相分离过程进行了详细分析。由图 2–22 可知，非溶剂甲醇的引入是导致相分离的主要因素，甲醇含量决定了孔的面积占比，蜂窝结构孔的尺寸随着甲醇含量的增加而增大，同时孔间距相应减小。

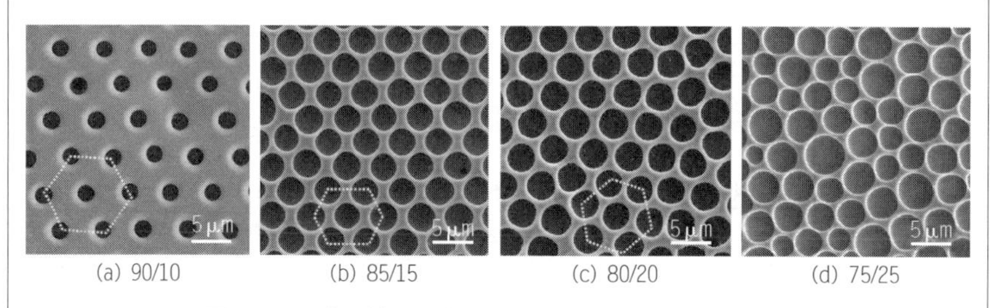

(a) 90/10　(b) 85/15　(c) 80/20　(d) 75/25

图 2-22　氯仿与甲醇体积比对蜂窝多孔结构的影响

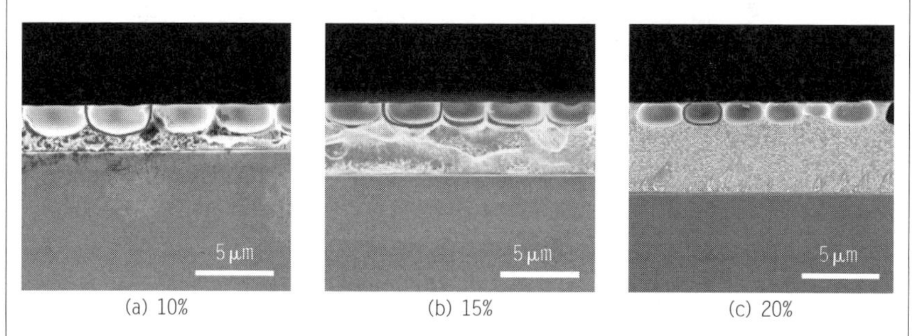

(a) 10%　(b) 15%　(c) 20%

图 2-23　PMMA 浓度对蜂窝多孔结构的影响

由图 2-23 可知，随着 PMMA 浓度增加，膜厚从 2.9μm 增加到 5.5μm，符合 Flory-Huggins 理论，即相分离过程中的传质条件会随着分离溶液（聚合物富集相和聚合物贫瘠相）分离速度的改变而改变，并对膜的最终形态产生强烈影响。另外，甲醇液滴在体系中受到的悬浮力和浸润力是一对方向相反的力，悬浮力和浸润力均随着粒子半径的减小而减小，但悬浮力的减小程度明显要大于浸润力，造成聚合物浓度越高，形成的膜厚度越大。

铜片、硅片和玻璃片表面的接触角分别为 78.57°、94.1°、10.67°，表面能分别为 77.6J/m^2、37.32J/m^2、33.29J/m^2（1J/m^2=1N/m）。由图 2-24 可知，三种基底制得的多孔结构孔径大小无明显差异，差别较大的是孔间距以及排列的规整度。随着基底表面能的增大，蜂窝结构孔直径的方差减小。显然，基底材料对所形成的孔结构的规整性具有至关重要的影响。另外，所制备的有序多孔薄膜作为良好的复型模板，可得到具有一定光学性能的微透镜阵列，实现了荧光检测信号的增强。

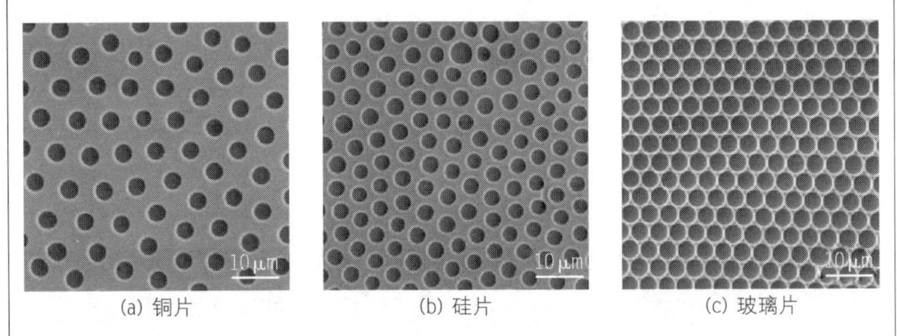

(a) 铜片　(b) 硅片　(c) 玻璃片

图 2-24　基底材料对蜂窝多孔结构的影响

2.3.15　静电纺丝技术

“静电纺丝”一词来源于“electrospinning”或更早一些的“electrostatic spinning”，国内一般简称为“静电纺”“电纺”等。静电纺丝技术是一种能够直接、连续制备纳米纤维的最简单快捷、成熟有效的纤维合成技术，其纺出的纤维种类与直径可通过更换纺丝液配方和调节静电纺丝过程参数，从几纳米至几十微米进行精确控制。静电纺丝技术已经可以制备种类丰富的纳米纤维，包括有机纳米纤维、有机/无机复合纳米纤维和无机纳米纤维，但利用静电纺丝技术制备纳米纤维还面临一些需要解决的问题：

① 在制备有机纳米纤维方面，用于静电纺丝的天然高分子品种还十分有限，对所得产品结构和性能的研究不够完善，最终产品的应用大都只处于实验阶段，尤其是这些产品的产业化生产还存在较大的问题；

② 有机/无机复合纳米纤维的性能不仅与纳米粒子的结构有关，还与纳米粒子的聚集方式和协同性能、聚合物基体的结构性能、粒子与基体的界面结构性能及加工复合工艺等有关，因此，如何制备出满足需要的，高性能、多功能的复合纳米纤维是研究的关键；

③ 无机纳米纤维的研究基本处于起始阶段，无机纳米纤维在高温过滤、

高效催化、生物组织工程、光电器件、航天器材等多个领域具有潜在的用途，但是，静电纺无机纳米纤维较大的脆性限制了其应用范围，因此，开发具有柔韧性、连续性的无机纳米纤维是一个重要的课题。

笔者通过静电纺丝技术制备了超亲水 – 水下超疏油性 PAN/SiO_2NPs 复合纳米纤维膜（图 2–25），并对该产品的微观形貌、化学组成、润湿性能、油水分离应用及耐久性进行了认真评估。研究表明，该超亲水 – 水下超疏油性 PAN/SiO_2NPs 复合纳米纤维膜适用于处理油滴粒径处于微米级的含油污水，对 T/W 乳化液、C/W 乳化液、H/W 乳化液、D/W 乳化液的处理效率均在 85% 以上，具有通量大、操作压力小的优势，且能够进行多次重复使用。即使经过强酸、强碱等腐蚀性液体浸泡，也不能大幅改变 PAN/SiO_2NPs 复合纳米纤维膜的超亲水 –

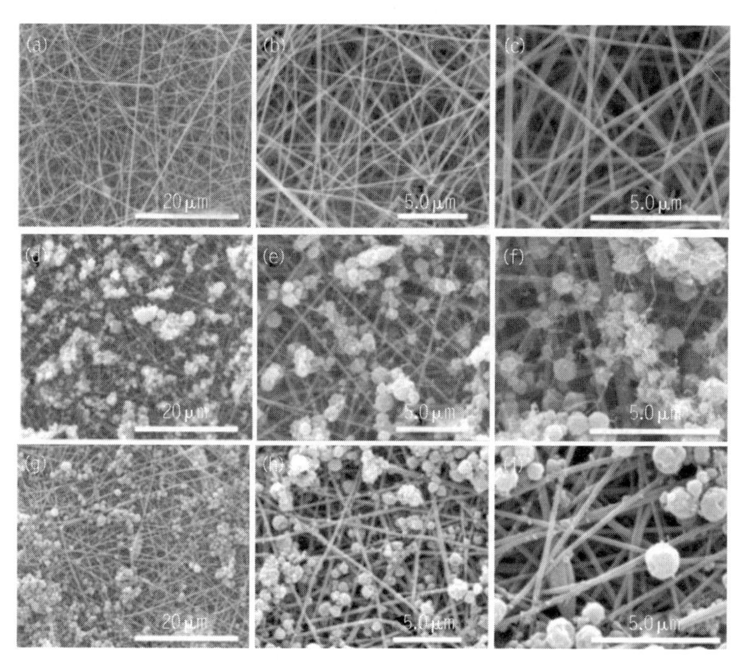

图 2–25　SEM 图

（a）~（c）PAN 纳米纤维膜；（d）~（f）PAN/SiO_2NPs 复合纳米纤维膜；（g）~（i）过滤、干燥后的复合纳米纤维膜

水下超疏油性能，即在强酸、强碱条件下，WCA 始终不变，一直保持为 0°，表现出超亲水性；但其水下疏油性能随溶液 pH 值呈抛物线轨迹变化，即当 pH=7 时，OCA 最大为 153°，但随着 pH 值降低或升高，OCA 略微减小，且其水下疏油性在酸性溶液中较在碱性溶液中下降较缓，但始终保持在 125° 以上，表现出较好的耐酸碱性。同时，该 PAN/SiO_2NPs 复合纳米纤维膜能够经受住以滤纸为摩擦介质负载不同质量的重物摩擦，展现出较好的耐摩擦性以及足够的机械强度，有望应用于大规模油水分离处理领域。

另外，笔者从杨木粉中提取 CNC，并与 PAA 和 BF 复合，通过静电纺丝技术合成了 PAA/CNC/BF 复合纤维材料，经高温热处理后与 GA 交联，获得颜色与尺寸随水环境 pH 值改变而改变的 pH 值响应性纤维复合材料。如图 2-26 所示，CNC 均匀、定向地分散于复合纤维中；BF 与 CNC 的引入使 PAA 基纤维直径变小，两者所带电荷对纤维结构影响较大；引入 GA 或同时引入 BF 和 CNC 可使 PAA 基纤维样品的拉伸性能显著提升；热处理后 PAA/CNC/BF 复合纤维样品可在 NaCl 与 HCl、NaOH 与 NaCl、HCl 与 NaOH 溶液中做可逆的颜色与尺寸变化；热处理样品经 GA 处理会由深红色不可逆地转变为深蓝色，且可对其他含醛基试剂具备指示作用；GA 处理后样品在膨胀性能测试中表现出了良好的交联稳定性、耐酸碱性、pH 值与温度响应性。

2.3.16 3D 打印技术

3D 打印（3DP）是快速成形技术的一种，是一种以数字模型文件为基础，运用玻璃纤维、耐用性尼龙材料、石膏材料、铝材料、钛合金、不锈钢、银、金、橡胶类材料等，通过逐层打印的方式来构造物体的技术。世界第一台 3D 打印机由美国 Local Motors 公司设计制造，于 2014 年美国芝加哥国际制造技术展览会上公开亮相。2019 年 1 月 14 日，美国加州大学圣迭戈分校首次利用快速 3D 打印技术，制造出模仿中枢神经系统结构的脊髓支架，使大鼠成功恢复运动功能。2016 年，Hyun-Wook Kang 等将 3D 打印出的组织移植到生物体内，并且证明了这些从打印机里诞生的组织能够像正常组织一样存活并生长，如图 2-27 所示。2020 年 5 月 5 日，中国首飞成功的长征五号 B 运载火

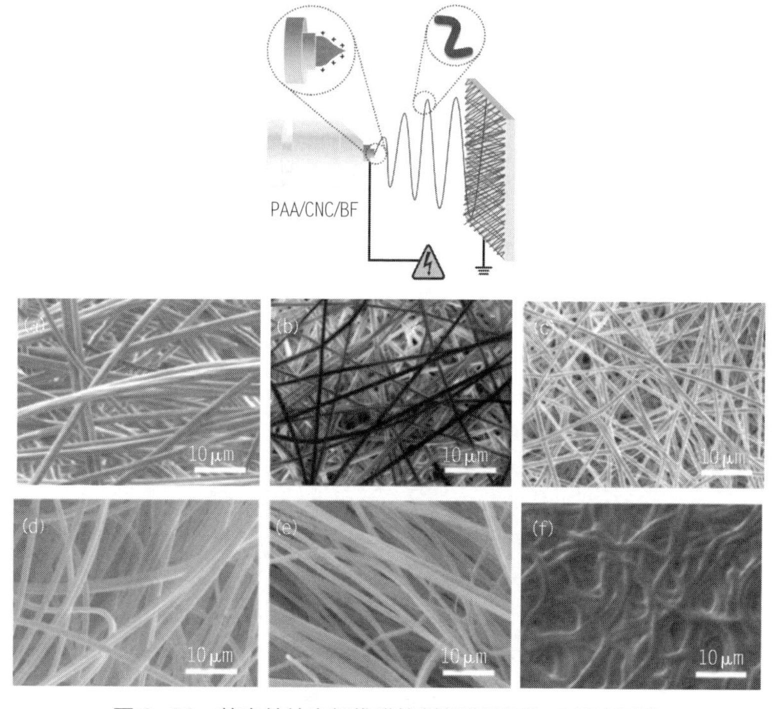

图 2-26　静电纺纳米纤维膜的制备流程图与 SEM 图像

（a）PAA；（b）PAA/BF；（c）PAA/GA；（d）PAA/CNC；（e）PAA/BF/CNC；（f）交联 PAA/BF/CNC 纳米纤维膜

箭搭载了“3D 打印机”，是国际首次在太空中开展的连续纤维增强复合材料的 3D 打印实验。

根据 3D 打印所用材料的状态及成形方法，3D 打印技术可以分为熔融沉积成形、光固化立体成形、分层实体制造、电子束选区熔化、激光选区熔化、金属激光熔融沉积、电子束熔丝沉积成形。

① 熔融沉积成形技术是以丝状的 PLA、ABS 等热塑性材料为原料，通过加工头的加热挤压，在计算机的控制下逐层堆积，最终得到成形的立体零件。这种技术是目前最常见的 3D 打印技术，技术成熟度高，成本较低，可以进行彩色打印。

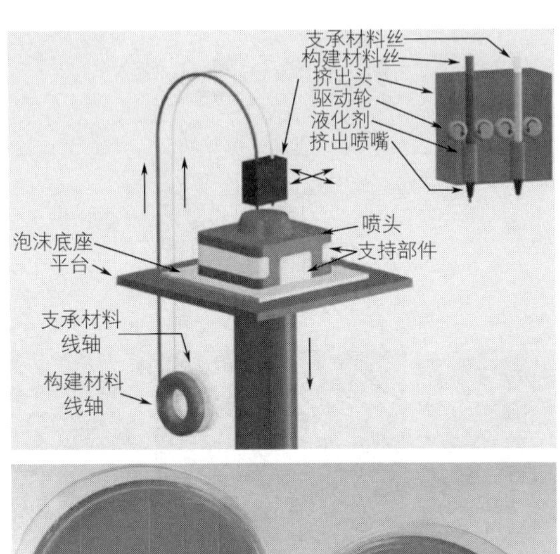

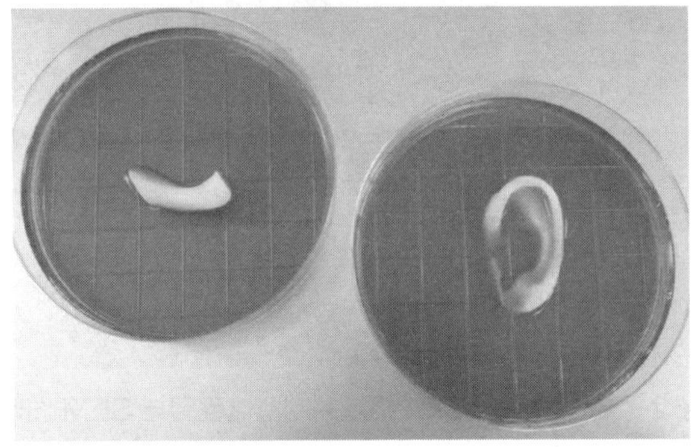

图 2-27　基于熔融成形技术的 3D 打印机（整合组织 - 器官打印系统 3D 打印下颌骨和耳郭）

② 电子束选区熔化成形技术是在真空环境下以电子束为热源，以金属粉末为成形材料，通过不断在粉末床上铺展金属粉末然后用电子束扫描熔化，使一个个小的熔池相互熔合并凝固，这样不断进行直至形成一个完整的金属零件实体。这种技术可以成形出结构复杂、性能优良的金属零件，但是成形尺寸受到粉末床和真空室的限制。

③ 光固化立体成形技术是利用紫外线逐层扫描液态的光敏聚合物（如丙烯酸树脂、环氧树脂等），实现液态材料的固化，逐渐堆积成形的技术。这种技术可以制作结构复杂的零件，零件精度以及材料的利用率高，缺点是能用于成形的材料种类少，工艺成本高。

④ 分层实体制造技术以薄片材料为原料，如纸、金属箔、塑料薄膜等，在材料表面涂覆热熔胶，再根据每层截面形状进行切割粘贴，实现零件的立体成形。这种技术速度较快，可以成形大尺寸的零件，但是材料浪费严重，表面质量差。

⑤ 金属激光熔融沉积成形技术以激光束为热源，通过自动送粉装置将金属粉末同步、精确地送入激光在成形表面上所形成的熔池中。随着激光斑点的移动，粉末不断地送入熔池中熔化然后凝固，最终得到所需要的形状。这种成形工艺可以成形大尺寸的金属零件，但是无法成形结构非常复杂的零件。

⑥ 电子束熔丝沉积成形技术又称电子束自由成形制造技术，是在真空环境中，以电子束为热源、金属丝材为成形材料，通过送丝装置将金属丝送入熔池并按设定轨迹运动，直到制造出目标零件或毛坯。这种方法效率高，成形零件内部质量好，但是成形精度及表面质量差，且不适用于塑性较差的材料，因为其无法加工成丝材。

⑦ 激光选区熔化成形技术的原理与电子束选区熔化成形技术相似，也是一种基于粉末床的铺粉成形技术，只是热源由电子束换成了激光束，通过这种技术同样可以成形出结构复杂、性能优异、表面质量良好的金属零件，但目前这种技术无法成形出大尺寸的零件。

2.3.17　冷冻干燥技术

冷冻干燥技术又称升华干燥，是将湿物料或溶液在较低的温度（−10 ~ −50℃）下冻结成固态，然后在真空（1.3 ~ 13Pa）下，使其中的水分不经液态直接升华成气态，最终使物料脱水的干燥技术，主要包含冻结、升华和再干燥 3 个阶段。冷冻干燥技术的主要优点是：①干燥后的物料保持原来的化学组成和物理性质（如多孔结构、胶体性质等）；②热量消耗比其他干燥方法少。冷冻干燥技术的缺点是费用较高，不能广泛应用。利用冷冻干燥技术制备气凝胶的原理：在冷冻过程中（冰箱或者液氮），水凝胶中的水分聚集形成冰晶结构，随着温度的降低，冰晶结构逐渐长大，从而使得冰晶周围的纳米纤维素（CNFs）结构聚集，堆积围绕在冰晶周围，自组装形成片状的结构，通过冷冻干燥使冰晶升华，便形成蜂窝状气凝胶结构。

笔者从木材中提取纳米纤维素（CNFs），并将 CNFs 悬浮液、聚乙烯醇溶液和 $Ag@TiO_2$ 溶液按一定比例在室温下通过磁力搅拌均匀混合，经过戊二醛交联，真空烘箱保持 75℃交联固化 3h，最后通过减压抽滤、冷冻干燥技术制备了 4 种特殊润湿性 CNF/PVA/$Ag@TiO_2$ 纳米复合薄膜与气凝胶，如图 2-28 所示。

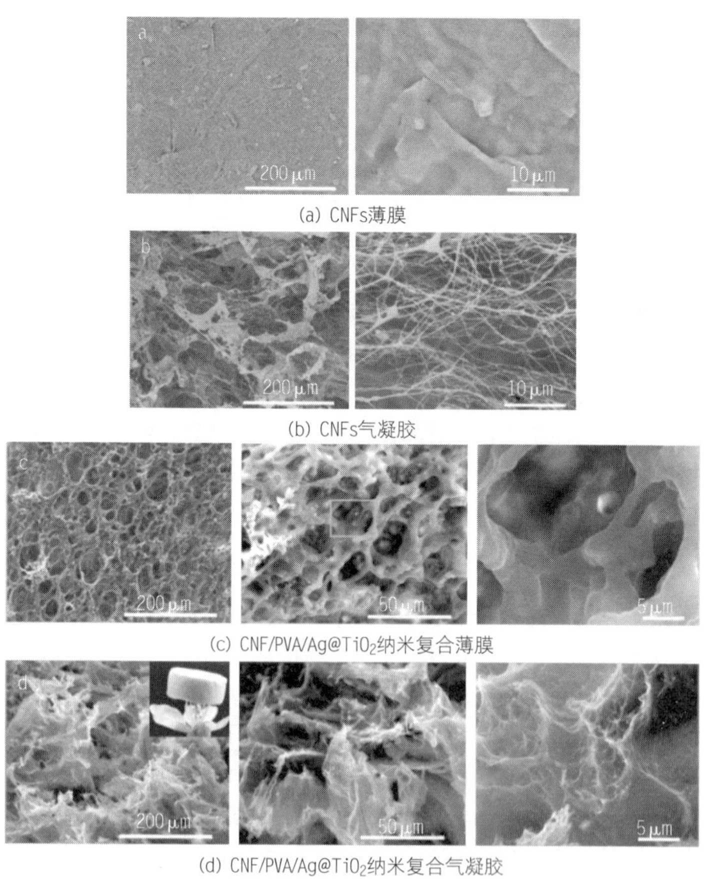

(a) CNFs薄膜

(b) CNFs气凝胶

(c) CNF/PVA/$Ag@TiO_2$纳米复合薄膜

(d) CNF/PVA/$Ag@TiO_2$纳米复合气凝胶

图 2-28　4 种薄膜与气凝胶的 SEM 图像

对于超亲水 - 水下超疏油性 CNF/PVA/$Ag@TiO_2$ 纳米复合薄膜，水下 OCA 最大为 159°，滚动角为 5°，油滴于其表面落下并弹起的时间为1s。水包油乳化液经超亲水－水下超疏油性CNF/PVA/Ag@TiO_2纳米复合薄膜过滤后，白浊的乳化液转为澄清，油滴在光学显微镜下消失，油水分率效率最大为98.95%。对于超疏水－超亲油性CNF/PVA/Ag@TiO_2纳米复合薄膜，WCA最大是151°，滚动角为10°，水滴于其表面落下并弹起的时间为3s。水上和水下的油可以快速被超疏水－超亲油性CNF/PVA/Ag@TiO_2纳米复合薄膜吸附，时间分别在5s和3s以内，表明其优异的吸油性能。两种特殊润湿性CNF/PVA/Ag@TiO_2纳米复合薄膜均具有显著的抑菌活性。超亲水－水下超疏油性CNF/PVA/Ag@TiO_2纳米复合薄膜的抑菌效果明显优于改性后的超疏水－超亲油性CNF/PVA/Ag@TiO_2纳米复合薄膜。两种特殊润湿性CNF/PVA/Ag@TiO_2纳米复合薄膜经不同pH值、盐浓度溶液浸泡处理，以及负重摩擦测试，其润湿性能（超亲水－水下超疏油性、超疏水－超亲油性）基本保持不变，即具有突出的耐酸碱、耐盐、耐摩擦性能。

对于特殊润湿性CNF/PVA/Ag@TiO_2纳米复合气凝胶，也具备上述类似的性能，与之不同的是，超亲水－水下超疏油性CNF/PVA/Ag@TiO_2纳米复合气凝胶可立于桃花的花蕊顶部，其密度为30mg/cm^3。在空气中，将200g砝码置于该复合气凝胶顶部，未发现压缩情况出现。经计算，超亲水－水下超疏油性CNF/PVA/Ag@TiO_2复合气凝胶可以负荷自身重量的2299倍，表现出非常显著的压缩强度。如图2-29（c）～（e）所示，笔者将超亲水－水下超疏油性CNF/PVA/Ag@TiO_2复合气凝胶浸入水下，使其负重200g，研究该复合气凝胶的可压缩性能。研究结果表明，此时超亲水－水下超疏油性CNF/PVA/Ag@TiO_2复合气凝胶压缩至其自身的83.3%。图2-29（d）～（e）是复合气凝胶的水下压缩－回弹测试图像，即超亲水－水下超疏油性CNF/PVA/Ag@TiO_2复合气凝胶的压缩极限为82.2%，待释放压力，该复合气凝胶可以在5s内回复到原始状态，说明超亲水－水下超疏油性CNF/PVA/Ag@TiO_2复合气凝胶具有优异的压缩－回弹性能。另外，超疏水－超亲油性CNF/PVA/Ag@TiO_2复合气凝胶可以吸附不同油水混合物中的油污以完成油水分离应用，其对正己烷的最大吸附容量是27.7g/g，对1,2-二氯乙烷的最大吸附容量是26.7g/g，对乙醇的最大吸附容量是25.3g/g，对二氯甲烷的最大吸附容量是16.0g/g，对丙酮的最大吸附容量是37.6g/g，对甲醇的最大吸附容量是22.2g/g，对泵油的最大吸附容量是 39.0g/g，对大豆油的最大吸附容量是 17.6g/g。

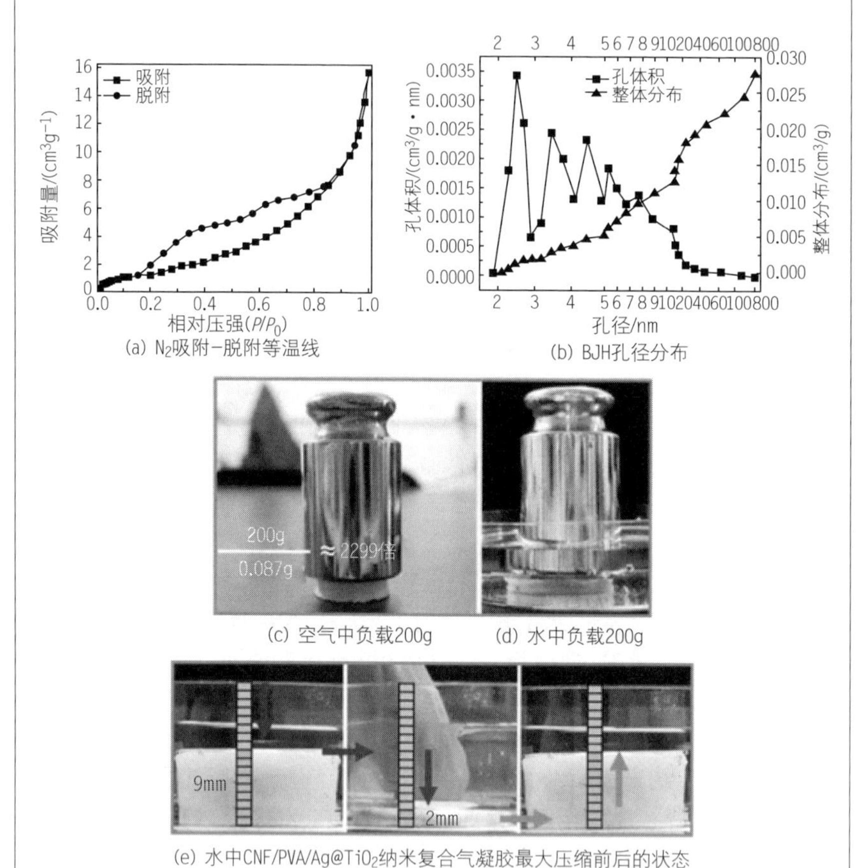

(a) N_2吸附-脱附等温线

(b) BJH孔径分布

(c) 空气中负载200g

(d) 水中负载200g

(e) 水中CNF/PVA/Ag@TiO_2纳米复合气凝胶最大压缩前后的状态

图 2-29　CNF/PVA/Ag@TiO_2 纳米复合气凝胶

2.3.18　交替沉积技术

清华大学张希教授课题组制备的 ITO 导电玻璃是在钠钙基或硅硼基的基片玻璃上，首先利用磁控溅射法镀上一层氧化铟锡（ITO）膜，随后修饰聚电解质多层膜，再利用电化学法在上面沉积金纳米簇，最后用疏水试剂修饰，得到与水接触角为 156°，滚动角小于 5° 的超疏水性表面。如果 ITO 表面不镀聚电解质多层膜，而直接在 ITO 玻璃表面进行电化学沉积，那么只能得到平整的金膜，即使经疏水处理后，其表面与水的接触角也只有 95°，达不到超疏水效果。本课题组采用溶胶 – 凝胶法制备了粒径为 173nm、197nm、234nm、285nm 和 318nm 的 SiO_2 纳米球，应用静电自组装和垂直沉积自组装相互结合的方法在织物表面构建光子晶体结构生色的薄膜。为保证薄膜与织物界面的牢固性，再次利用水溶性胶黏剂进行处理。织物分别呈现蓝色、浅蓝色、蓝绿色、绿色、粉色，当入射光角度由 45° 变成 135° 时，织物由橙红色变为深粉色，如图 2–30 所示。

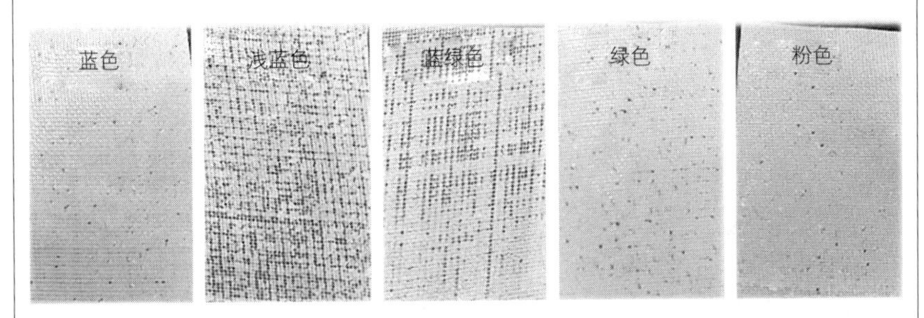

(a) 不同粒径 SiO_2 光子晶体

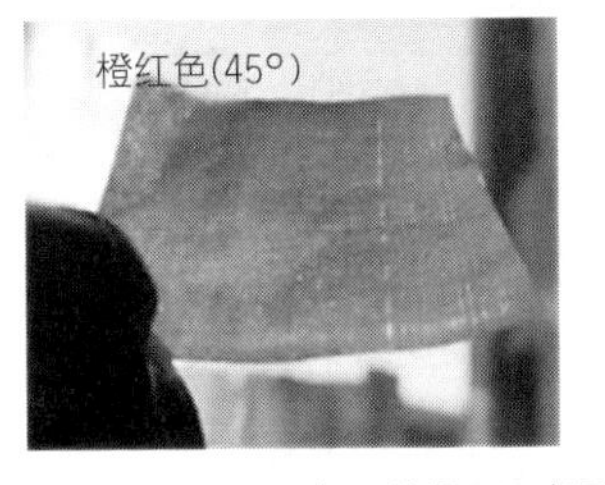

(b) 相同粒径 SiO_2 光子晶体(不同角度光照)

图 2–30　SiO_2 光子晶体生色结构织物的颜色

苏州大学张克勤教授团队联合中科院上海技术物理研究所、复旦大学、中科院苏州纳米所多次通过雾化沉积纳米二氧化硅胶体微球及添加 PVA 胶黏剂的方式可控制备大面积非晶结构色涂层，该非晶结构色涂层可以产生覆盖可见光范围的不同颜色，没有角度依赖性。如图 2–31

所示，他们选择 150 ~ 300 nm 不同尺寸的二氧化硅微球，利用雾化沉积速率可调、均匀稳定的特点，交替沉积蓝色、绿色和粉色薄层作为三原色，然后在重合区两两叠加形成新的混合色，通过光谱表征验证了这种非晶结构色涂层能够叠加生成新的颜色。为了实现更精细的颜色叠加混合，先在基底沉积一层蓝色层，然后依次沉积不同厚度的绿色层，最终实现了 3 个梯度的混合色。通过扫描电子显微镜对断面观察发现，叠加区域各层都保持着较好的非晶结构，表明这种雾化沉积的方法能够实现精细的厚度调控，为非晶结构色的颜色叠加提供了思路与借鉴。

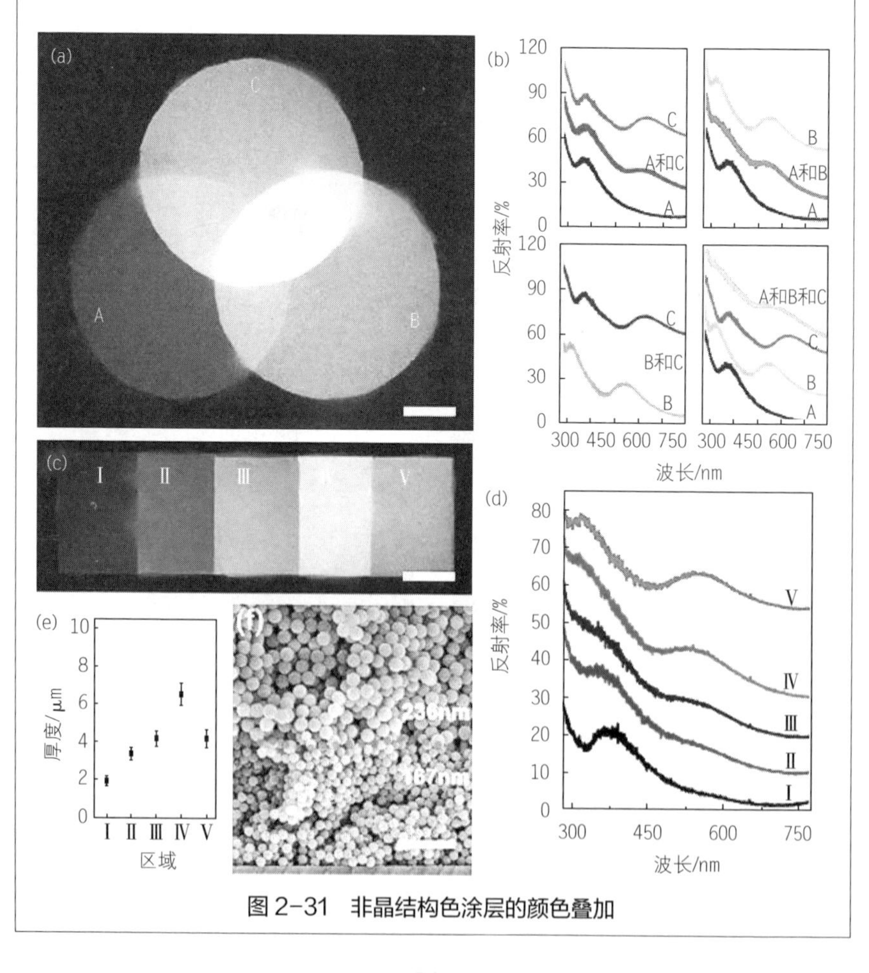

图 2-31　非晶结构色涂层的颜色叠加

第 3 章

仿生技术制备智能（响应）材料

智能材料，也称为响应材料，具有一种或多种特性，可以通过外部刺激发生改变，如应力、温度、湿度、pH 值、电场、磁场、光照等，在微创手术、靶向治疗、智能传感、柔性电子和微/纳米机器人等领域发挥着巨大作用。

智能材料是一类基于仿生学概念发展起来的新型刺激响应型材料，其智能性体现在材料能够感知外界环境变化，根据外界环境变化做出判断，进而调整自身结构和性能以适应外界环境。例如：变色龙根据周围环境（光线、温度）以及情绪改变身体颜色；向日葵的茎秆细胞生长素因惧光聚集于茎秆背光部分，继而产生“向阳”现象；猪笼草蠕动组织通过不对称的楔形微沟槽发展了定向水传输能力等。仿生智能材料三要素可以概括为感知、驱动与控制（图 3–1）。仿生智能材料目前已经成为航空航天、国防军事、机械电子、生物医学与工程等高端产品领域最有价值、不可或缺的部分。仿生材料的智能性具体表现为能够在接收外界环境刺激后（包括 pH 值、温度、光、压力、声波、电场、电信号、磁场、盐浓度、化学物质等刺激因素），完成诸如相、颜色、形状、尺寸、位移、重量、润湿性、表面自由能、导电 / 热性等定向变化。

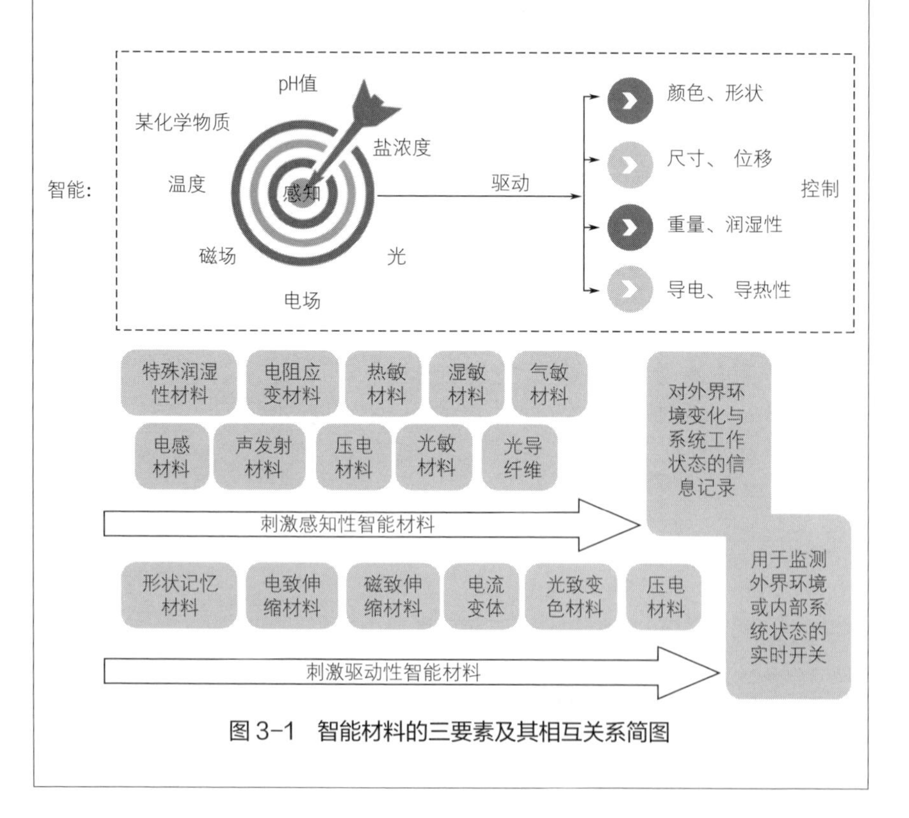

图 3–1　智能材料的三要素及其相互关系简图

仿生智能材料根据其在工作时发挥的作用可分为两大类：其一，刺激感知型智能材料，例如特殊润湿性材料、电感材料、声发射材料、光导纤维、压电材料、电阻应变材料、光敏材料、热敏材料、湿敏材料、气敏材料等，可作为传感器（sensor）用于对外界环境变化与系统工作状态的信息记录；其二，刺激驱动型智能材料，例如电流变体、形状记忆材料、磁流变体、电致伸缩材料、光致变色材料、磁致伸缩材料、压电材料等，可作为驱动器（actuator）用于监测外界环境或内部系统状态的实时开关，如图3-1所示。根据对外界刺激因素的响应性，还可以将仿生智能材料分为温度响应型智能材料、电场响应型智能材料、光响应型智能材料、pH值响应型智能材料、磁场响应型智能材料、盐浓度响应型智能材料、化学物质响应型智能材料等。而根据仿生智能材料自身特点，则可将其分为智能薄膜、智能水凝胶、智能纤维、智能微球或纳米颗粒等。

3.1　磁场响应型智能材料

3.1.1　磁场响应材料的作用原理

地球有一个大磁场，人类和地球上的全部生物体在地球磁场中繁衍生息，生物体从地磁场中获得在地球生活所必需的安定性磁力。磁场具备较强穿透性，在生物医学领域，把生物高分子透明质酸与磁性纳米颗粒相结合，赋予其肿瘤靶向作用。抗癌药物阿霉素被腙键连接到磁性纳米颗粒上，使得药物载体具有磁场响应性，通过低频旋转磁场的外场扰动，阿霉素在细胞溶酶体被磁响应纳米颗粒破坏下，成功实现逃逸，最终肿瘤细胞的抑制效果得到提高。一般会采用两种方法来利用磁场刺激以此改变响应材料的性能：一是利用各向异性的纳米磁性颗粒，在磁场作用下，材料本身性能发生变化，这是由于材料中添加的磁性颗粒会发生位移；另一种基体改性方式是直接在材料表面固定一层具有磁响应性的颗粒，通过化学沉积法和单体聚合法等方法可以制得磁性纳米粒子以及复合微球，但这些方法仍然存在一些问题，比如溶胶毒性大、粒径不均匀、制备过程复杂等。另外，胞吞作用存在于磁性纳米粒子与细胞接触中，这会复杂化这类磁响应型材料的特性，限制其潜在应用。

3.1.2　仿生技术制备磁场响应材料

受生物体磁场感应特征的启发，东北林业大学李坚院士团队模仿趋磁细菌的生物矿化过程，通过在钴铁金属离子溶液中浸泡木材，使得含铁矿物质溶液被具有优良吸湿性的木材汲取，随后在木材细胞腔内矿化，磁性纳米晶被原位合成在木材细胞腔，从而制备了在外界磁场作用下能够表现出较好的磁力的磁性木材，而且保留了木材天然的纹理结构和易加工、高强重比、温湿度调控性能。该团队的王成毓教授课题组以杨木粉为原料，制备了疏水、亲油的 Fe_3O_4/ 木粉复合材料。该复合物具有较高的选择润湿性和磁性，在混合于油包水乳状液（无表面活性剂）中时，磁性使得该复合材料可以通过磁力搅拌在乳液中快速移动，而选择润湿性可以选择性地吸附乳液中的微米级液滴，最后油吸附颗粒与水相仅需利用磁铁即可彻底分离。此外，疏水、亲油的磁性木粉颗粒可以通过减压抽滤过程，均匀地铺展在尼龙滤膜上，随后要构成尼龙 / 磁性木粉夹层复合膜，只需要在上面覆盖另一片尼龙滤膜即可。通过分离油包水乳液测试发现，水可以被该复合膜有效地从各种含油乳液中分离出来。这种原料廉价环保、制备工艺简单以及具有分离乳液的能力的复合膜，在油水乳液分离中具备广阔的应用前景。

此外，甘文涛教授课题组还利用微波辅助合成策略，在木材细胞腔内合成超顺磁性纳米材料，赋予木材磁各向异性。研究发现，相互连接的导电网络会在木材细胞壁内部形成的 Fe_3O_4 纳米晶之间形成，从而在外界磁场作用下，磁性木材可以获得最大的介电损耗和磁损耗，表现出出色的电磁屏蔽性能。该课题组还向脱去木质素的木材中浸渍具有荧光特性的磁性纳米材料，从而制备出具有发光特性的磁性透明木材，以此来扩展磁性木材在光学领域中的应用。如图 3-2 所示，通过合成 YVO_4：Eu^{3+}@γ-Fe_2O_3 纳米粒子，然后将一定比例的透明聚甲基丙烯酸甲酯与其混合，接着在一定温度下，填充浸入脱去木质素的白木材中，最后合成出荧光磁性透明木材。有一定的透光性、磁性和优异力学性能是这种新型的磁性木材的特点，更重要的是，荧光会在紫外线诱导下从材料中发射出来，在防伪设备、发光磁性开关和新型“绿色”的 LED 照明等方面展现出木材的应用潜力。目前，磁性木材的应用局限于电磁波吸收，对木材的磁光效应和磁热效应关注较少，系统研究它们之间的相互作用，发掘木材磁学的科学内涵，有助于推动木材仿生科学向智能化方向发展。

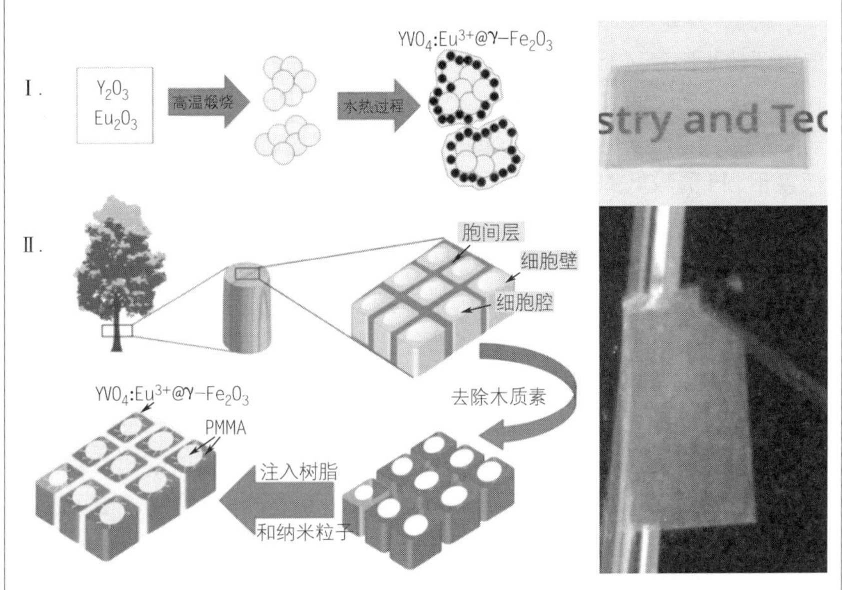

图 3-2　荧光磁性透明木材的制备流程图及荧光磁性透明木材在日光下和 254 nm 紫外线下的实物图像

3.2　pH 值响应型智能材料

3.2.1　pH 值响应材料的作用原理

pH 值响应是指材料能够随着外界 pH 值变化而发生自身颜色、尺寸、形态等改变。通常，pH 值响应型材料是通过在基材表面或多孔结构内接枝主链或侧链上含有可离子化酸性或碱性基团（羧基、叔氨基、磺酸基等）的聚电解质获得，常用聚电解质为丙烯酸及其衍生物、4- 乙烯基吡啶、蛋白质或肽类等。智能材料的 pH 值响应性主要由接枝聚电解质的离子化程度决定，即当外界 pH 值变化时，聚电解质的酸性或碱性基团会发生相应的解离或重组，从而导致聚合物链异构化，并引起材料的颜色变化、不连续溶胀、体积或溶解度的改变，进而显示出材料宏观上各种性质的变化。

根据接枝的聚电解质带有酸性基团或碱性基团，pH 值响应型智能材料主要分为阴离子 pH 值响应型智能材料、阳离子 pH 值响应型智能材料和两性离子 pH 值响应型智能材料。阴离子 pH 值响应型智能材料的可离子化基团，来源于接枝聚电解质的酸性基团，例如羧基和磺酸基，当材料被置于 pH 值较低的溶液中，酸性基团会处于收缩状态，但随着溶液 pH 值的增大，这些酸性基团开始电离，而电离的材料因内部负电荷之间的排斥作用，致使其内部网络结构中的孔径相应增大，进而显示出材料宏观上各种性质的变化。与阴离子 pH 值响应型智能材料的作用机制恰好相反，阳离子 pH 值响应型智能材料的可离子化基团，来源于接枝聚电解质的碱性基团，例如氨基，当材料被置于 pH 值较高的溶液中，碱性基团会处于收缩状态，但随着溶液 pH 值的减小，这些碱性基团开始电离，而电离的材料因内部正电荷之间的排斥作用，致使其内部网络结构中的孔径相应增大，进而显示出材料宏观上各种性质的变化。至于两性离子 pH 值响应型智能材料，即接枝的聚电解质同时含有酸性基团和碱性基团，当材料被置于 pH 值较低的溶液中，碱性基团开始电离，材料整体带正电，而当材料被置于 pH 值较高的溶液中，酸性基团开始电离，材料整体带负电，致使两性离子 pH 值响应型智能材料在高、低 pH 值的范围内变化最明显，而中间的 pH 值的范围变化次之，这是由于正负电荷之间的中和作用。迄今，pH 值响应型智能材料在酶的固定、药物控制释放、生化物质的分离提纯、水处理、人工器官、化学传感器或化学阀等领域具有十分广阔的应用前景。

3.2.2 仿生技术制备 pH 值响应材料

笔者以从木材中提取的纤维素纳米晶体（CNC）、聚丙烯酸（PAA）、碱性副品红（BF）为原料，通过静电纺纱技术制备了 pH 值响应智能变色纳米纤维素复合纱线。通过红外光谱图分析，可以判断 PAA 与 CNC 之间的酯化反应，当温度上升至 135℃后，剩余的大量羧基会进一步脱水形成酸酐；而 PAA 与 BF 之间的缩合反应，则可通过交联

PAA/BF/CNC 线体的颜色响应得以确定。如图 3-3 所示，将等量交联 PAA/BF/CNC 纤维纱线投入 pH 值不同的溶液中：

① 当交联纱线投入酸性溶液（$0<pH<7$）时，以 H_2SO_4 溶液为例，SO_4^{2-} 虽然会与交联 PAA/BF/CNC 中裸露的羟基与主色基氨基（N11、N24）进行作用，但并不会与中心碳原子（C14）发生反应，即以 BF 为基础的大共轭系统未被破坏，因此交联 PAA/BF/CNC 线体颜色如常，仍为深红色；

② 当交联纱线投入碱性溶液（$7<pH<14$）时，以 NaOH 溶液为例，NaOH 会与交联 PAA/BF/CNC 内部具有双键特征的中心 C_{14} 原子发生反应，彻底破坏以 BF 为基础的大共轭体系，使得交联 PAA/BF/CNC 线体由最初的深红褪为无色；

③ 若将交联纱线投入的 H_2SO_4 溶液改为 HCl 溶液，且当 $pH \leqslant 2$ 时，交联 PAA/BF/CNC 线体颜色则由深红色变为鲜红色。

相关研究显示，拥有体积小和亲核性强的 HCl 分子，除了可以与主色基氨基（N11、N24）反应，更能够轻易攻击 BF 带有双键特性的中心 C14 原子，破坏 BF 的大共轭体系，使 BF 褪为无色。而本实验制得的交联 PAA/BF/CNC 虽有所褪色，但仍保留鲜红颜色，表明该交联 PAA/BF/CNC 中仅少部分以 BF 为基础的大共轭系统遭到破坏，大部分仍保留完好。其原因可归为两点：一是 BF 与 PAA 和 CNC 结合后，空间结构更为复杂，中心 C14 原子附近的空间位阻加大，使 HCl 分子攻击难度更大；二是 BF 与 PAA 和 CNC 结合后，由于缩合反应的发生将以 BF 为基础的大共轭系统予以固定，使得 HCl 分子对中心 C14 原子的攻击无效。

具有橙色荧光发射的碳量子点是 Zhou 等以 1,2,4- 三氨基苯和尿素作为前驱体，采用快速微波辅助水热法制备获得的。研究发现，该碳量子点在 pH 值为 5 ～ 9 的范围内，表现出优异的 pH 值依赖性荧光比色双重响应特性，即紫光灯下的荧光强度会随着溶液 pH 值的增加逐渐增强，同时，碳量子点溶液的颜色会在自然光下由红色逐渐转变为黄色。这一独特的光学性能，赋予该碳量子点作为一种伤口 pH 值检测探针的潜力。考虑到碳量子点溶液本身不利于实际应用，该课题组成员巧妙地将合成得到的橙色荧光碳量子点水溶液直接滴涂在医用棉布上，结果发现，由于氢键产生于碳量子点与棉纤维之间，优异的抗流失性以及增强的黄色荧光发射现象出现在负载碳量子点的棉布上。体外实验表明，当模拟伤口的 pH 值由 5 增加至 9 时，该荧光复合材料的比色荧光双重响应特性比碳量子点溶液本身更加显著。

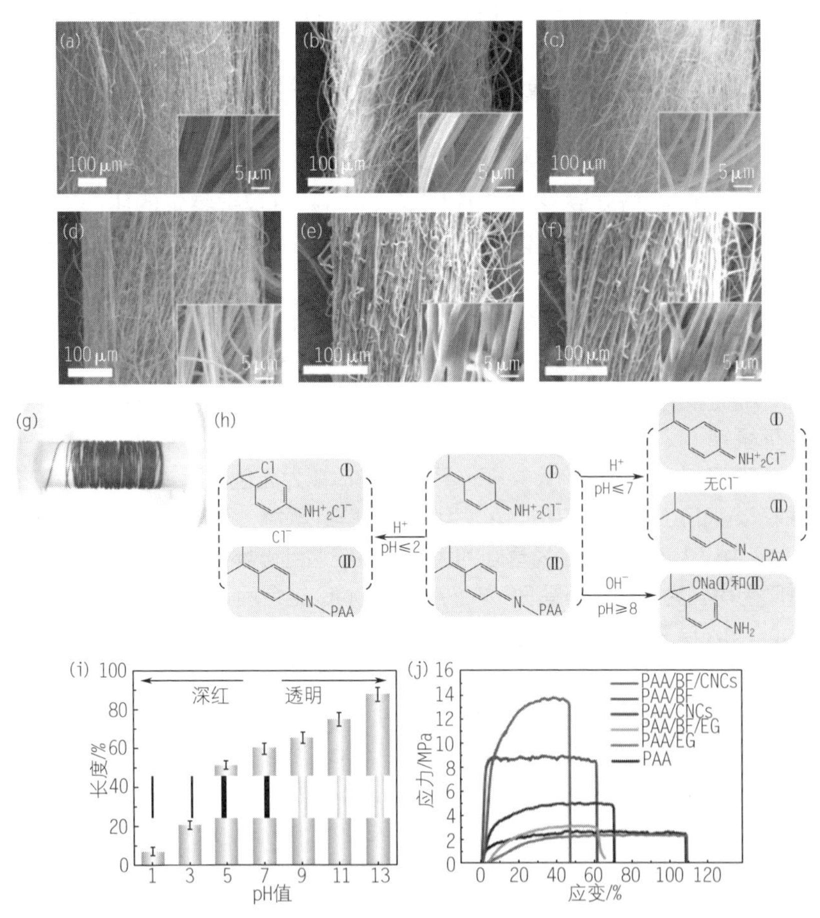

图 3-3　等量交联 PAA/BF/CNC 纤维纱线投入 pH 值不同溶液

（a）PAA；（b）PAA/BF；（c）PAA/CNCs；（d）PAA/BF/CNCs；

（e）PAA/EG 纳米纤维电纺纱的 SEM 图像；（f）PAA/BF/EG 纳米纤维电纺纱的 SEM 图像；

（g）PAA/BF/EG 纳米纤维电纺纱实物图；（h）纳米纤维电纺纱 pH 值响应智能变色原理图；

（i）纳米纤维电纺纱 pH 响应智能变色图像；

（j）纳米纤维电纺纱应力应变图像

3.3　光响应型智能材料

3.3.1　光响应材料的作用原理

光刺激的优点在于无损、易于获得、价格便宜、强度可调、可快速应用且可在系统外部控制等。将光响应型材料（如光致变色化合物）加入聚合物基质中可以获得光响应聚合物。一般把光致变色化合物分为无机和有机两种：V_2O_5、TiO_2、ZnO、WO_3 等无机光致变色化合物；偶氮苯、螺吡喃等有机光致变色化合物。光响应型材料还可以根据材料的光响应原理，分为四类：一是光敏基团断裂；二是光敏基团二聚化；三是光敏基团异构化；四是光敏基团内部键断裂或者成键。因为偶氮苯是两个苯环通过氮 - 氮双键连接的化合物，存在两种异构体，其作为光敏分子的研究最为广泛，其异构体一种是亚稳态的拐状顺式异构体，另一种是稳定的平面反式异构体，在光照下，这两种异构体都可完成迅速可逆的转变。螺吡喃作为一种光响应分子，非离子状态下能够可逆转变为亲水极性，紫外线照射下转变为两性离子部花青异构体，可见光照射下恢复原状。TiO_2 无毒性、化学稳定性高、生物相容性好，作为宽禁带的半导体，具有较独特的光学响应性质。TiO_2 在紫外线照射的条件下，表现出光致超亲水性，这是由于紫外线照射会使其表面终端羟基增多。经紫外线照射处理，这些材料可以实现从非极性到极性、从无色到有色、从不溶性到可溶性等的转变，对药物输送、组织工程、传感器、渗透率可控的膜等智能系统的开发极具吸引力。

3.3.2　仿生技术制备光响应材料

一种新型聚磺酸酯合成路线被 Han 等开发出来，从而获得了一系列多功能光响应聚磺酸酯。该聚合路线以“一锅法”高效制备聚磺酸酯，即在常温下空气氛围中，无需催化剂，以简单易得的磺酸和炔卤为原料制备，而且原子利用率为 100%，产率高达 94%。该法无需利用光敏单体、反应时间短、操作简单、条件温和，明显优于传统光响应聚合物合成方法，这是一种新的光响应聚合物合成策略，光响应聚合物的种类也因此得到了丰富。这类聚磺酸酯具有灵敏的光响应性、良好的成膜能力和固态发光性质，是制备荧光二维或三维图案的优异材料，在先进光电子器件中具有重要潜在应用价值。由于聚合物薄膜可在短时间紫外线照射下发生降解，长时间紫外线照射下被漂白，因此，利用单一聚合物材料便可制备复杂的双色荧光二维图案或者荧光三维图案，如图 3-4 所示。

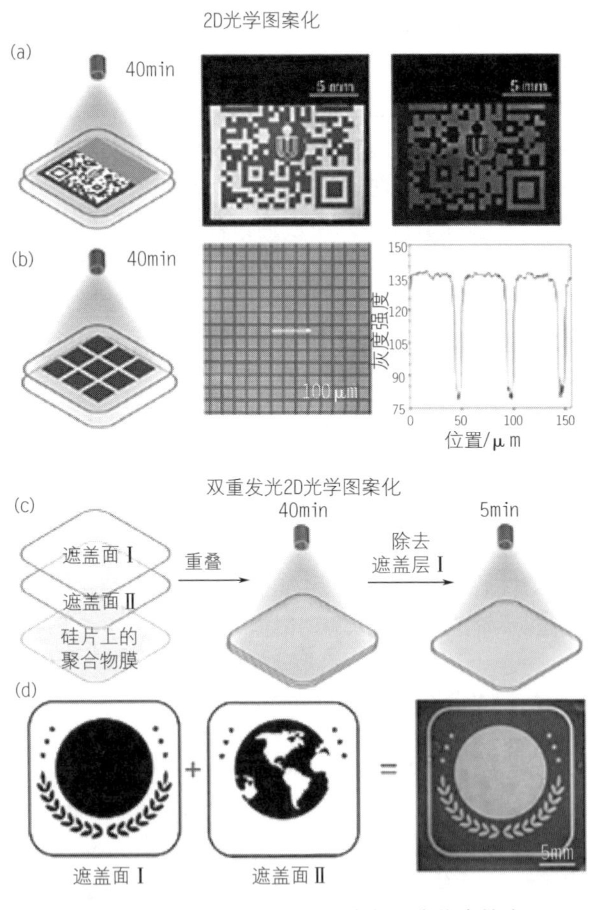

图 3-4　聚磺酸酯 P1a/2a 在光刻图案化中的应用

本课题组将桦树原木旋转切割获得木材切片 NW（厚度为 0.6mm），然后在其表面先后涂刷 NaOH 溶液与 H_2O_2 溶液，接着用紫外线（波长 365nm）照射 4h，每隔 1h 翻一次面，直到样品完全变白得到木材样品 LW，将其进一步置于煮沸的去离子水中除去残留的化学物质，并储存于去离子水中。以壳聚糖（CS）制备碳量子点（CQDs），进一步与 PVA、LW 进行复合与组装设计，制备工艺简单、成本低、防水、环保且具有抗紫外线功能的荧光透明木材（CTW），如图 3-5 所示。结果显示，制得的 CTW 具有较高的紫外线吸收能力，能够阻挡

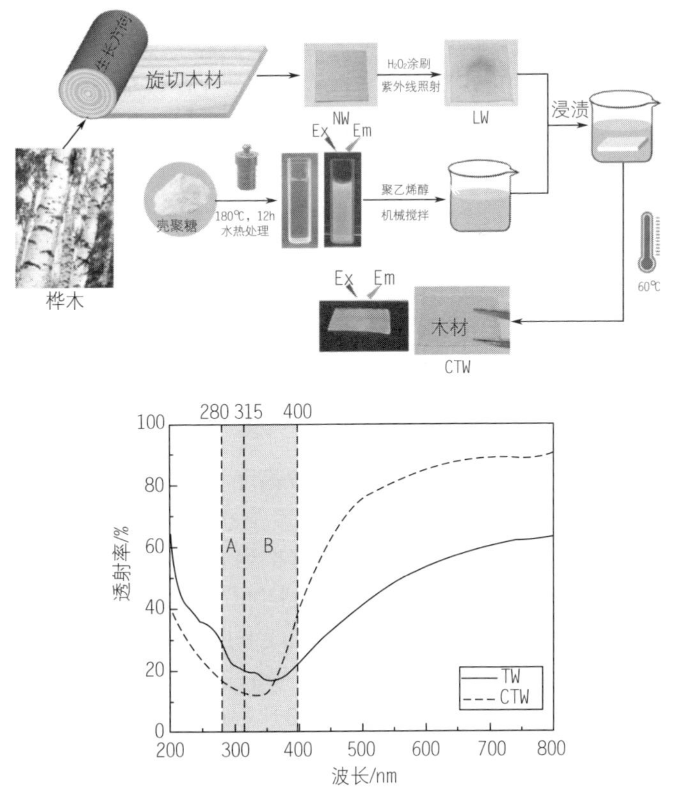

图 3-5　荧光透明木材的制备流程及其紫外线 - 可见光透射光谱

83.1% 的 UV-A 和 86.2% 的 UV-B 透过；具有良好的荧光透明特性，可见光透光率达到 78.5%，且在紫外线照射下呈亮蓝色荧光。另外，疏水改性后的荧光透明木材具有良好的防水效果，其 WCA 可达 144°，增强了荧光透明木材的环境适应能力，以期开发新型高附加值木质多元复合产品用于绿色装饰、照明、传感器等，实现木材的智能化应用提供理论依据。

3.4 温度响应型智能材料

3.4.1 温度响应材料的作用原理

日常生活中最常接触的响应是温度响应，对温度响应材料的研究之所以具有非常重要的现实意义，是因为温度变化不仅在自然界存在，靠人工也很容易实现，而且温度响应材料在传感器、信息存储、生物医学、太阳能电池、能量储存与转换等领域拥有广泛的应用前景。温度响应材料存在最低临界溶解温度（LCST），即在 LCST 以上会形成不混溶的两相，而在 LCST 以下能与溶剂混溶，也称为浓缩相和稀释相。以温度响应聚合物为例，由于聚合物与聚合物之间的相互作用，聚合物相在 LCST 下会脱水，伴随着聚合物链的坍塌，从膨胀细长的螺旋转变为收缩坍塌的小球。因此，通常称温度响应聚合物的相变为线圈到小球的相变，反之亦然，即其结构从收缩的坍塌小球转换为膨胀的细长螺旋。

目前，研究最多的温度响应聚合物是聚 *N*- 异丙基丙烯酰胺（PNIPAM），它同时具有亲水性酰胺基团和疏水性异丙基侧链，其 LCST 为 32℃，即在水环境下，当温度高于 LCST 时，PNIPAM 发生皱缩，与水不相容，形成分子内氢键；当温度低于 LCST 时，水分子通过与酰胺氧形成分子间氢键，促进 PNIPAM 在水中溶解。然而，PNIPAM 的显著缺点是加热和冷却行为之间存在广泛的滞后现象，而且 *N*- 异丙基丙烯酰胺单体具有急性细胞毒性，合成的聚合物需要进行纯化，所以其他种类的温度响应聚合物开始进入研究者们的视野。聚 *N*- 乙烯基己内酰胺（PNVCL）是一种无毒、可生物降解、生物相容性好、水解稳定的温度响应性聚合物，温度诱导相变表现十分明确。与 PNIPAM 相比，PNVCL 的 LCST 也接近生理温度，但其单体在水中的溶解能力较差。由于 NVCL 特殊的七元环结构，其聚合反应的难度与成本较高，具有细胞毒性，导致其研究受限。此外，常见的温度响应聚合物还有聚甲基丙烯酸 *N*,*N*- 二甲基氨基乙酯（PDMAEMA）、聚乙烯吡咯烷酮（PVP）、聚环氧乙烷（PEO）等。

3.4.2 仿生技术制备温度响应材料

亲水性聚乙二醇（PEG）基交联剂可增加 PNIPAM 的 LCST，与含有亚甲基双丙烯酰胺（MBA）的液滴和含有 PEGDAAM、NIPAM 的液滴组成液滴对。由于 PEGDAAM-PNIPAM 结构域的收缩程度小于 MBA-PNIPAM 结构域的，经光聚合后，水凝胶结构在加热过程中发生非均匀收缩。Bayley 等根据两种液滴类型组成的网络，设计非均匀收缩的纳米级预凝胶液滴网络组件，可以对其预编程温度控制完成形状变化。例如，将 MBA-PNIPAM 液滴链与 PEGDAAM-NIPAM 液滴链黏附形成平行的双液滴条，可获得在加热和冷却时经历可逆卷曲运动的水凝胶结构。此外，Bayley 等还设计了另一种更复杂的两条平行的液滴链，其中每一条链的一半由 PEGDAAM-NIPAM 液滴组成，另一半由 MBA-PNIPAM 组成，水凝胶形成后，在加热过程中发生可逆的双卷曲运动。由于两种类型的水凝胶溶胀不同，初始结构有一个小的负曲率，加热时结构达到高正曲率，冷却时返回到初始形状。

东北林业大学李坚院士团队制备了一种温度智能响应木材，该材料是通过在聚乙烯上接枝负载在 3- 氨丙基三乙氧基硅烷上的温敏变色材料，接着将此复合膜锚定在木材表面得到的。所有制备的样品具有优异的正向可逆温度响应特性，并具有较快的变色响应速率，表现出良好的温度变色响应特性。四川大学石玲英副教授团队通过简单的光引发单步原位聚合过程合成了一系列室温下使用的相变有机水凝胶（PCOH），其中包括相变水合盐（磷酸十二水二钠，DPDH）和聚丙烯酰胺（PAM）甘油水凝胶。研究表明，制备的 PCOH 具有抗干燥，柔韧性、形状稳定性和热循环稳定性好的优点（图 3-6），并且具有相变温度管理的诱人潜力。通过显微组织观察、热分析和机械测试，证明了该水凝胶即使在高温或一定应力下仍能够长期储存和稳定循环。另外，该 PCOH 智能控温性能优异，可用于缓解系统过热并保持恒定温度。显然，该无毒、保湿、室温使用的相变储能有机水凝胶可以满足将室温调至人类舒适温度的需求，可将其扩展到智能“冷却凝胶贴片”的应用中。

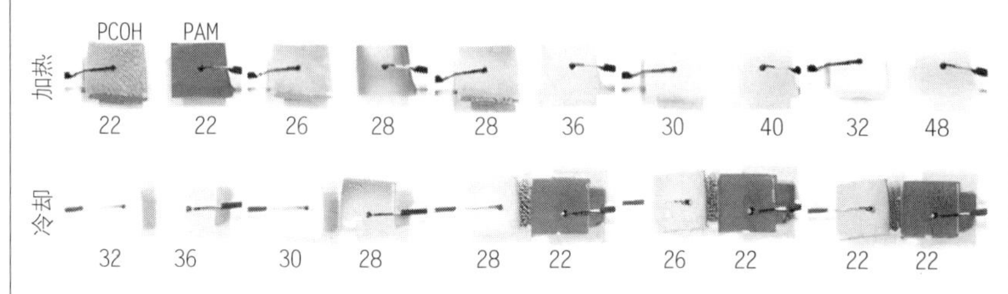

图 3-6　加热和冷却过程中热变色 PCOH 和 PAM 水凝胶样品的变色图像

3.5　电场响应型智能材料

3.5.1　电场响应材料的作用原理

作为最常见的外场刺激源，电场不仅可以用来刺激生物材料的表面性质变化，而且可以一定程度上调控生物分子自身。近年来，传感器和执行器、机器人和人工肌肉、光学系统、药物输送、空间、海洋和能量收集等领域越来越流行电活性聚合物（EAP），其可以通过改变尺寸或形状来响应外加电场，吸引了无数科研工作者。EAP 主要分为两种：①离子型 EAP，包括导电聚合物、离子聚合物和聚合物凝胶以及所谓的离子聚合物 - 金属复合材料（IPMC），由电场驱动的自由离子迁移率改变溶液中或材料中离子的局部浓度从而引起其电响应性；②电介质 EAP，包括介电弹性体和电致伸缩聚合物，由在溶液中形成的静电（库仑）力引起两个电极变形。主链和侧链液晶聚合物是另一种电响应材料，然而，为了有效增强其电场响应性，通常在这些聚合物中添加离子或电子化合物，来应对液晶畴的排列导致其电刺激响应较弱的问题。

作为一种 CN 五元杂环分子的吡咯单体（Py），可以聚合成聚吡咯（PPy），即吡咯被氧化时，失去一个电子，从而形成阳离子自由基，接着阳离子自由基结合形成二聚、三聚体，链长逐步增长，最终聚合。让聚合物共轭结构生成缺陷可以使其表现出半导体或导体的特性，最常用的激发方法是掺杂。掺杂是在共轭结构高分子上发生的氧化还原反应或者电荷转移。而氧化还原掺杂多发生在聚吡咯中，聚合过程中，聚吡咯失去电子转变为正电性的氧化状态，阴离子为了与聚吡咯主链结合，会采用电荷补偿的形式，使膜层整个保持中性状态而不会影响聚合物本身的氧化还原状态，随着外界电场的变化，聚吡咯中的掺杂物质会通过掺杂和脱掺的方式出入聚合物膜表面。因此，PPy 作为一种较常见的导电聚合物，其本身具有本征导电性，而且具有物理化学性能稳定、生物相容性良好、表面性质可控性高等优点，在药物控制释放方面比其他聚合物存在较大的潜力。

3.5.2　仿生技术制备电场响应材料

在电场作用下，电位发生改变，能够重新排列固体与液体之间的电荷和偶极子，使表面能降低，能够达到在几秒内快速实现亲水性 / 疏水性之间的转换，是一种全新的油水分离控制策略。Li 等以不锈钢网为基底，采用乳液聚合法将聚苯胺纳米纤维涂在基底，制备出的聚苯胺网具有超疏水性和水下超疏油性，在 170V 电压下，会获得超亲水性，同时该网膜具有耐腐蚀性和较低的水下油附着力，具备自清洁的效果，在智能过滤方面提供了很好的策略。Du 等以导电性良好的静电纺丝碳纳米纤维膜作为主要结构，将聚 3- 甲基噻吩［P（3-MTH）］包覆在膜上，在电压控制下利用 P（3-MTH）可逆性去氧化还原电位，使其在掺杂 ClO_4^- 状态下具有亲水性，在脱除 ClO_4^- 掺杂下变化为疏水性，快速制备了电刺激润湿性开关，能够在不到 30s 内实现切换，高效节能，能够大规模生产，有着巨大的发展潜力。

软导电材料的出现极大地促进了可拉伸和柔性电子产品的发展。与常规有机弹性体基质相比，水凝胶具有与人体皮肤相似的生理和力学性能，被认为是与人体相关的电子元件材料的好的替代品。特别是受到贻贝启发的导电水凝胶在自粘可穿戴电子产品中具有广阔的发展潜力，从而消除了传统的基于聚合物 / 水凝胶的电子产品中对胶带或带子的需求。迄今为止，受到贻贝启发的导电水凝胶已被用于制作类似于皮肤的传感器，以感测外部刺激（例如应变和压力）以及用于电刺激和记录神经活动的可植入生物集成设备。例如，聚乙烯醇 / 单壁碳纳米管 / 聚多巴胺

（PVA/SWCNT/PDA）导电水凝胶可以紧紧黏附皮肤并容易剥离，而在皮肤表面没有残留物。这种自粘式应变传感器可用于监测人体活动，例如手指的弯曲 / 放松、行走、咀嚼和脉搏（图 3-7）。

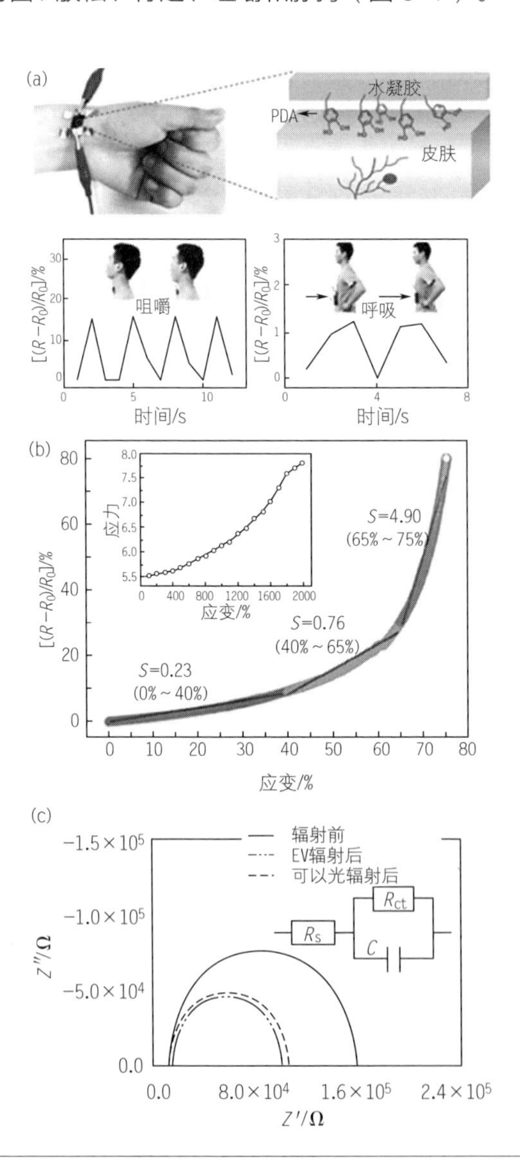

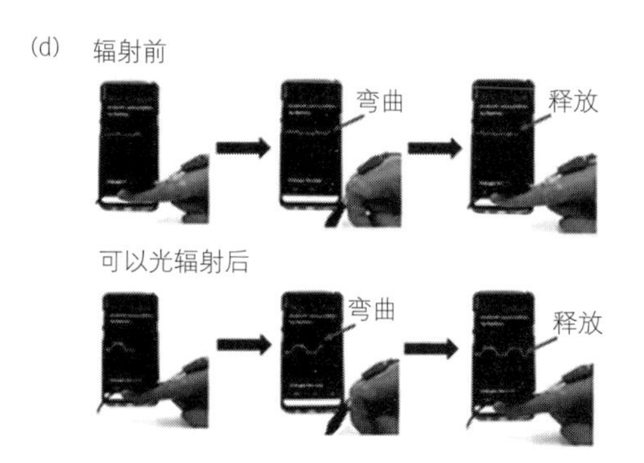

图3-7　贻贝启发的导电水凝胶用于柔性电子产品

3.6　力响应型智能材料

3.6.1　力致变色智能材料及其仿生制备

结构色是由光对纳米结构的干涉而产生的，在动植物中经常出现。与色素不同，结构色具有环保、不褪色的显著特点，一些生物甚至能够快速可逆地改变颜色，用于伪装、交配和群体防御。例如，变色龙通过拉紧或放松皮肤，改变光从其鸟嘌呤晶体表面反射的方式，产生结构色。科学家们已经在各种变色材料中模仿变色龙皮肤的晶体的纳米结构，但它们通常很难生产，或者依赖于不可再生的石油资源。纤维素纳米晶（CNC）是一种可再生材料，能够自组装成胆甾型液晶结构，光与该结构作用可以产生结构色，即可以自组装成具有结构色的薄膜，但其薄膜不像变色龙皮肤，拉伸后易破裂。

四川大学王玉忠院士和宋飞教授课题组受变色龙的弹性皮肤启发，在CNC中引入了柔性聚合物网络结构，该网络由聚乙二醇二丙烯酸酯（PEGDA）单体光固化得到。所得CNC/PEGDA薄膜的结构色随PEDGA含量的增加而红移，这是因为聚合物含量的增加使得CNC的螺距增加，反射峰红移，即得到从蓝色到红色的结构色。与此同时，聚合物的网络结构有利于提高薄膜的力学性能，其断裂应变高达39%。当CNC/PEGDA薄膜处于拉伸状态时，CNC的螺距减少，薄膜的颜色发生蓝移，这是首次在 CNC 材料上实现拉伸引起的结构色变化。然而，其颜色变化不明显或不均匀，这可能是由于组装后的 CNC 移动性差；而且其形状恢复不完整，这可能是由于拉伸过程中形成了胶状微粒，阻碍了恢复。另外，当在薄膜上施加 0 ~ 15MPa 的压力时，结构色从红色到绿色变化，如图 3-8 所示。这种生物基光子薄膜作为一种新型的“智能皮肤”，具有显色传感、加密、防伪等多种功能。

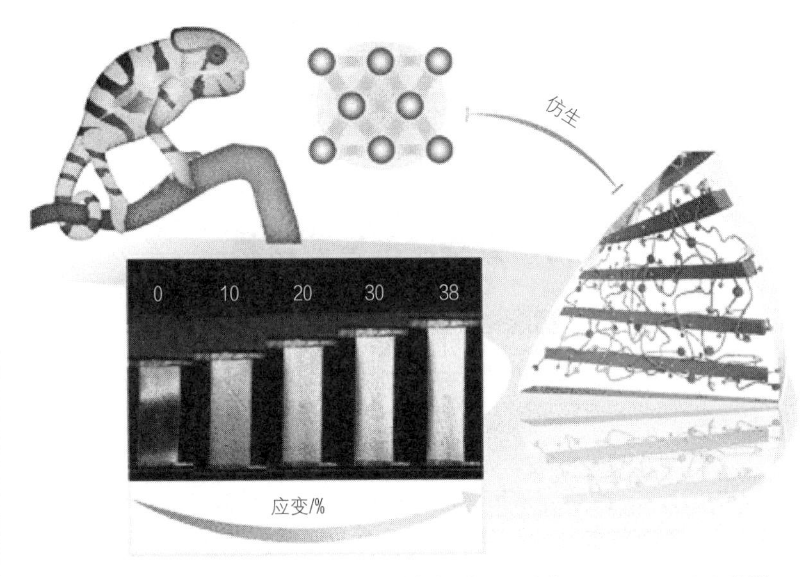

图 3-8　变色龙结构色变化机制启发的拉伸诱导变色 CNC/PEGDA 薄膜

3.6.2　压阻压力传感材料及其仿生制备

柔性压力传感器是最重要的柔性电子设备之一。基于柔性压力传感器的电子皮肤概念具有高灵敏度和足够宽的传感范围，可检测正常触摸和物体操作产生的压力，在人工智能、人机交互、健康监测和软机器人等领域引起了广泛关注。为了获得具有独特超高灵敏度的柔性压阻压力传感器，并克服定制不规则微结构的困难，齐鲁工业大学刘温霞教授课题组和济南大学刘宏教授课题组以 PDMS 为弹性体，设计了一种基于分级变形机制的金字塔壁网格微结构薄膜。为了证明其生物监测能力，该压力传感器被用于监测作者的脉搏和声带振动信号。结果表明，该薄膜具有良好的压力传感性能，可用于监测人体生物医学信号。

压阻式气流传感器是一类结构简单且较为常用的传感器，其工作原理是利用压阻材料在外力作用下发生形变时产生的电阻值变化检测外力的大小。从材料选择的角度而言，柔性、密度低且界面面积小的压阻材料更适合用于高灵敏度、快响应的气流传感器的制造。碳纳米管由于其具有纳米级直径、高长径比、高柔性、低密度、优异的力学和电学性能，理应是制作高性能气流传感器的理想材料。然而，碳纳米管常被用来与其他材料复合，形成混合的体相材料，因而会使传感性能大大降低。另外，基于复合材料的气流传感器，由于其结构复杂，其传感原理大多仍不明晰。清华大学张如范副教授课题组首次用浮游催化法一步制备了悬空碳纳米管网络（SCNTNs），在此过程中漂浮生长的超长碳纳米管与短碳纳米管在硅片的狭槽上方原位自组装形成悬空的网络结构。课题组还采用烟熏法在碳纳米管表面修饰焦油纳米颗粒，以实现 SCNTNs 的光学可视化，增强结构稳定性以及提供足够的气流曳力，继而制得 SCNTNs 气流传感器。

3.7　离子刺激响应型智能材料

3.7.1　阳离子响应材料及其仿生制备

离子智能响应调控润湿性主要是通过阴阳离子的交换或者添加新的离子来实现的，发生在一些聚电解质、聚离子液体等聚合物中。重金属离子如 Hg^{2+}、Cr^{3+} 等毒性很大，在自然界中蓄积会对生物体及环境造成严重的危害。因此，对废水中重金属离子进行定性、定量检测和吸附处理具有十分重要的研究意义。荧光分子传感器可以将微观的识别情况（例如对金属离子的识别）转换成荧光信号，该方法操作简单、价格低廉、灵敏度高、检测迅速，成为环境监测与治理领域的研究热点。Li 等根据罗丹明 B 衍生物的“off-on”机制，成功制备出了 5 种 Fe^{3+} 荧光探针（RhB-Gly、RhB-Ala、RhB-Try、RhB-Cys 和 RhB-His），并通过 NMR 和质谱仪对其进行了表征。赵秋媛等将谷胱甘肽（GSH）

加入罗丹明 6G 衍生物（Rh6G2）中，研究并开发了一种新型荧光探针 Rh6G2-GSH，该荧光探针与 Hg^{2+} 识别时，在荧光强度及吸光度上会发生变化。谷浩等为拓展罗丹明 6G 酰肼（RH）的识别与传感应用范围，在乙醇 /Tris-HCl 缓冲体系下，通过罗丹明 6G 酰肼的螺内酯环的开环与闭环来实现荧光转换，该荧光探针可以对 Fe^{3+}、Cr^{3+} 进行特异性选择识别。

Song 等通过将 1,8- 萘酰亚胺接枝到纤维素纳米晶体基底(CNCs)上，制备了一种用于敏感识别水中 Pb^{2+} 的荧光传感器（FCNCs）。该 FCNCs 传感器对水中 Pb^{2+} 具有良好的荧光响应性，即使此时水中存有其他 11 种金属阳离子。该 FCNCs 传感器对 Pb^{2+} 的检出限为 1.5×10^{-7}mol/L，其最大荧光强度与 Pb^{2+} 浓度在 2.5×10^{-7} ~ 5.0×10^{-5}mol/L 范围内呈线性关系。此外，该传感器不仅可以检测水中的 Pb^{2+} 等，还可以应用于生物成像等领域。Raj 等以姜黄素负载的醋酸纤维素为原料，通过静电纺丝法合成了荧光传感器，该传感器对 Pb^{2+} 具有较高的选择性，检出限为 20μmol/L，当检测 Pb^{2+} 浓度在 10nmol/L ~ 1mmol/L，该传感器由黄色转为橙色。笔者通过纳米纤维素 / 壳聚糖（CNF/CS）复合气凝胶基体的制备，进一步以聚乙烯醇（PVA）为载体，戊二醛（GA）为交联剂，将内酰胺化罗丹明 6G（SRh6G）引入 CNF/CS 基体，通过冷冻干燥技术制备重金属离子响应智能变色纳米纤维素复合气凝胶，如图 3-9 所示，以完成工业废水中重金属离子的指示与吸附的一步化处理。研究表明，该复合气凝胶具有密度低、变色指示快、吸附能力强等优点，在水中能够快速浸润且具有超亲水 - 水下超疏油特性，可用于含油废水中重金属离子的指示和吸附处理。另外，结果显示，制得的重金属离子响应智能变色纳米纤维素复合气凝胶拥有优良的耐酸碱性、水下抗压性和吸附能力，在工业废水处理领域应用前景广阔。

Yun 等利用乙二胺修饰纳米纤维素合成了荧光纳米颗粒（NCC-EDA）用于水中 Pb^{2+} 的选择性识别。具体原理为使用亚硫酰氯对 NCC 进行氯化以及用乙二胺活化处理，旨在将硫、氮原子掺杂的含氧基团引入其中，NCC-EDA 的表面位点会产生发色团，其水相分散体具有很强的荧光特性，但在 Pb^{2+} 存在下会表现出荧光猝灭，其检出限为 24nmol/L。Li 等将萘酰亚胺基荧光分子引入纤维素膜，通过 π - π

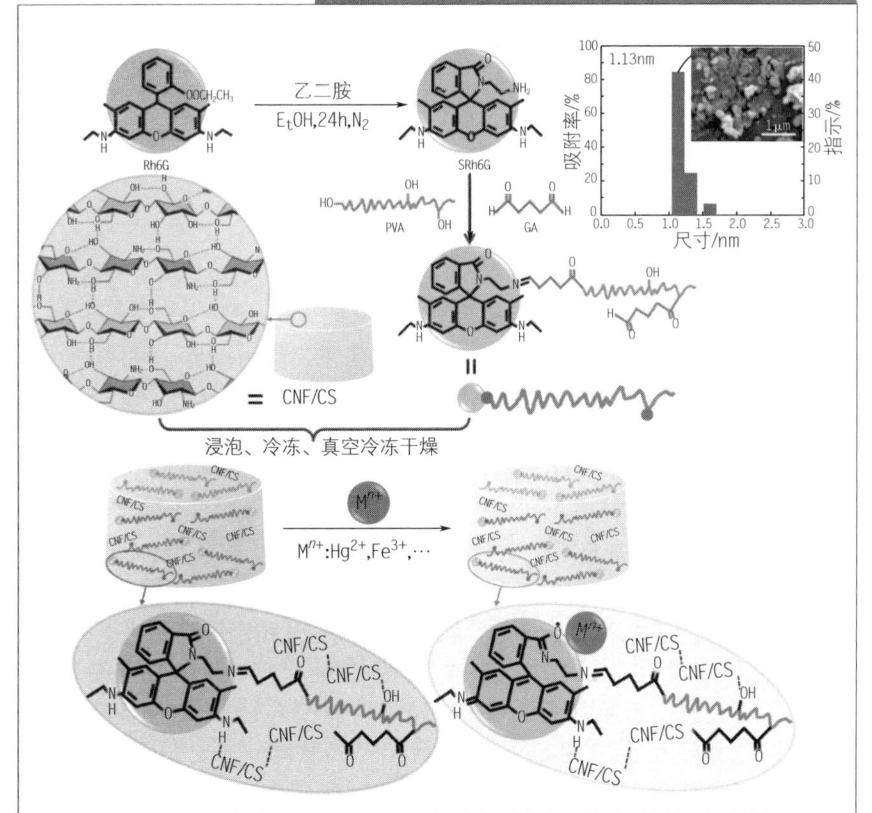

图 3-9　制备内酰胺化罗丹明 6G/ 纳米纤维素复合气凝胶的技术路线图

堆积相互作用，进一步将其包裹在氧化石墨烯（GO）表面合成了一种用于敏感识别 Cu^{2+} 的绿色纤维素膜（NGC）。NGC 膜在 410nm 处无荧光发射峰。当 Cu^{2+} 存在时，NGC 膜在 510nm 处的荧光明显增强。这是由于哌嗪基与 Cu^{2+} 配位，阻断了光致电子转移效应，1,8- 萘酰亚胺恢复了强荧光发射，其 Cu^{2+} 检出限为 0.1μmol/L。Zhang 等采用乙二胺四乙酸二酐（EDTAD）对 CNC 进行表面羧化度调控，继而将荧光 7- 氨基 -4- 甲基香豆素（AMC）接枝到其表面，合成了一系列具有不同共轭密度用于检测水中 Cu^{2+} 的荧光纳米纤维素基复合材料（FCNC）。AMCs 在 FCNC 表面的空间效应可以有效抑制自猝灭现象，使其荧光强度更加稳定，不会受 FCNC 的浓度变化影响，且在固态下依然具有相对较高的量子效率。此外，随着 Cu^{2+} 浓度增大，该 FCNCs 的荧光在 365nm 处由蓝色变为紫色，检出限为 0.5mg/L。

3.7.2 阴离子响应材料及其仿生制备

基于纤维素分子链上的大量反应性羟基，Nawaz 等以 4,4- 亚甲基二苯基二异氰酸酯（MDI）为交联剂，将 1,10- 菲咯啉 -5- 胺（Phen）化学键合到纤维素上，设计并制备了一种具有高灵敏度、pH 值响应型、延伸共轭结构的荧光传感器（Phen-MDI-CA）。该传感器对 $B_4O_7^{2-}$、PO_4^{3-} 和 CO_3^{2-} 具有良好的视觉和荧光识别能力，在荧光模式下，Phen-MDI-CA 对三者的检出限高达 0.18nmol/L、0.69nmol/L 和 0.86nmol/L。将 Phen-MDI-CA 与孔雀石绿（M-G）混合，进一步制备出了可以区分 $B_4O_7^{2-}$ 和 PO_4^{3-} 的荧光传感器，即这两种阴离子处理的 Phen-MDI-CA-M-G 在可见光和 365nm 紫外线下明显分化，可以用于混合物中 PO_4^{3-}、$B_4O_7^{2-}$ 和 CO_3^{2-} 的定性和定量识别。

Incel 等利用 1,3- 二苯基 -1,3- 丙二酮（DBM）和三乙胺等制备出荧光粒子四苯甲酰亚甲基铕，然后将其和 Au 纳米粒子负载于滤纸上制备用于检测水中 CN^- 的纸基荧光传感器，检出限为 10^{-12} ~ 10^{-2}mol/L。其中，Au 纳米粒子起到抑制荧光的作用，但 CN^- 会与 Au 纳米粒子作用从而使传感器恢复荧光。Nandi 等将羟乙基纤维素与亚氨基酚复合制备了一种荧光传感器用于水中 CN^- 的检测，其检出限为 9.36×10^{-6}mol/L。Dreyer 等利用 PVP 改性羟乙基纤维素，进一步将其与聚甲基丙烯酸甲酯共混制备纺丝液，通过静电纺丝技术制备了一种用于检测水中 CN^- 的荧光纤维素基纳米纤维材料，其检出限为 2.15×10^{-5}mol/L。

Chen 等将纤维素浸泡在柠檬酸和半胱氨酸的水溶液中并在高于 80℃环境下干燥，随后多次重复上述操作，由于柠檬酸与半胱氨酸经过多次脱水反应会形成具有良好荧光性的噻唑啉吡啶羧酸（TPC）分子，继而牢固锚定在纤维素分子链上，从而制备出具有优异 UV（紫外线）吸收能力且可用于 Cl^- 选择性检测的荧光传感器。该材料具有优良的蓝色荧光，可以被制成粉末、纤维、纸张、薄膜等不同形式，还可用于图案印刷，在化学传感、紫外线屏蔽和防伪领域显示出巨大潜力。

3.8　其他（多重）刺激响应型智能材料

智能响应型材料在传感器领域、药物制备领域、油水分离及人工肌肉等方面显现出巨大的应用价值。除了 pH 值、温度、光、电、磁和压力刺激响应型智能材料，气体、溶剂和离子等条件的变化也会引起材料润湿性与其他特性的智能转换。另外，随着科学技术的迅猛发展与人们生活水平的逐步提高，单一刺激因素的响应材料也已经无法满足人们的需求，为满足人们对整体化、精准化、智能化产品的需求，设计开发不同、多重刺激响应型材料势在必行。

3.8.1　气体刺激响应材料及其仿生制备

气体触发是一种新型调控材料润湿性的方式，即通过添加和脱除材料周围的特定气体而智能地改变其结构与表面自由能。CO_2 来源广泛、廉价且无毒，是目前使用最多的气体之一。常见的 CO_2 响应聚合物包括聚 *N,N*- 二乙基氨基甲基丙烯酸乙酯（PDEAEMA）和聚甲基丙烯酸 *N,N*- 二甲基氨基乙酯（PDMAEMA），其原理在于 CO_2 与叔胺基团的相互作用，导致聚合物链在水溶液中呈现伸展状态，表现为亲水性，当 CO_2 被完全去除，则恢复为收缩状态，表现为疏水性，以此达到润湿性可控切换的目的。Li 等采用表面引发原子转移自由基聚合（SI-ATRP）策略，将聚甲基丙烯酸 *N,N*- 二甲基氨基乙酯（PDMAEMA）聚合物刷接枝到纳米纤维素气凝胶（CNFs）上，继而制备出润湿性可通过 CO_2 调控的 CNF-g-PDMAEMA 气凝胶（图 3-10）。SEM 观察发现，CNF-g-PDMAEMA 气凝胶具有多孔网络结构，且高倍镜下的结构表面十分粗糙。CNF-g-PDMAEMA 气凝胶内部 PDMAEMA 脱质子化表现为超疏水性，通入 CO_2 后，PDMAEMA 质子化作用显著增强，导致聚合物链发生断裂，继而呈现超亲水性。利用 CNF-g-PDMAEMA 气凝胶的多孔结构与 PDMAEMA 的 CO_2 响应特性，能够有效阻止材料表面污染，并在 CO_2 调控油水混合乳液分离过程中效果显著。

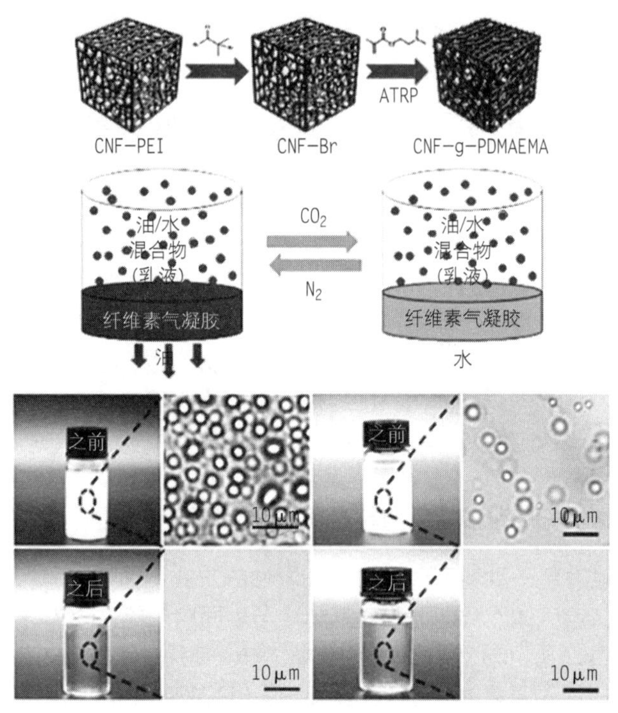

图 3-10　CNF-g-PDMAEMA 气凝胶的制备与 CO_2 调控油水分离示意图

除了 CO_2，氨气（NH_3）也能够触发材料表面的润湿性调控。Chen 等以经济环保的棉织物为基底，通过氯化镍和硬脂酸钠反应合成硬脂酸镍颗粒（NSPs），采用浸渍法将 NSPs 涂在基底表面，成功研制出一种 NH_3 调控织物膜材料。浸渍后，棉织物表面的粗糙度提高，加上 NSPs 的低表面能，材料呈现超疏水 - 超亲油性；当材料暴露于 NH_3 中时，NSPs 开始分解形成氨基羧酸盐，导致烷基链减少，而盐离子的迁移增加了固体表面的自由能，降低了液体于其表面的张力，继而表现为超亲水 - 水下超疏油性。由 10 次循环测试结果可知，所得膜材料的水接触角和水下油接触角均大于 150°，“除油”和“除水”分离过程均具有较高的分离效率和通量，没有出现明显的响应性损失。这种廉价环保的原材料和简单可行的制备方法，在远程调控完成油水智能化分离方面潜力巨大。

3.8.2　溶剂刺激响应材料及其仿生制备

溶剂刺激响应材料可以通过不同溶剂的预浸润来改变其润湿性，同时也可以通过不同的溶剂蒸气进行驱动。Xie 等以可持续的再生纤维素膜为基质，通过高温诱导自聚合 PDA 进行界面调节，构建具有 PDA 层 / 颗粒层次结构的超亲水表面，再通过简单的喷涂技术将 SOATP 喷涂在膜的底面上，继而获得超疏水表面。对于连续的水包油和油包水乳液，通过用水或油预润湿可以得到有效分离。预浸润调节特殊润湿性油水分离膜在按需油水分离应用中具有易操作、无需任何外界刺激等优点，展现出较大优势。华中科技大学黄亮副教授与杨辉教授及合作者以商业化的 PEDOT:PSS 为原材料，通过刮涂法制备 PEDOT:PSS 薄膜，利用稀硫酸处理得到具有高导电性、高稳定性和快速效应的致动器薄膜。该薄膜在接触到乙醇蒸气后能在 0.24s 内产生 180° 的弯曲形变，并且持续弯曲 1000 次后性能也没有明显下降。进一步将该薄膜与其他材料相复合，通过结构设计成功制备出有机蒸气驱动的步行机器人和纳米发电机。该工作为 PMBA 在新一代智能机器人和智能传感器的设计中应用提供了一条新思路。香港城市大学胡金莲教授团队通过定向修整预测并构建了一种可通过水、乙醇等温和液体实现形状调整的双层双向形状记忆纤维素水凝胶薄膜（BSMF6-6b），可用作人工血管支架。用其制作的血管支架表现出良好的双向形状记忆特性，由温和的液体（水和乙醇）驱动，如图 3-11 所示。

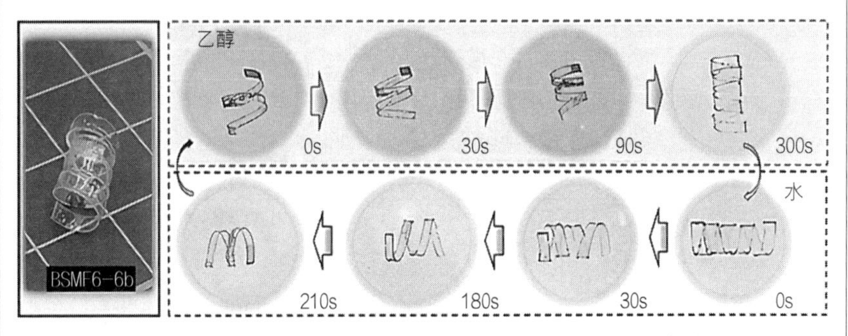

图 3-11　螺旋 BSMF6-6b 在乙醇与水驱动下的扩展和卷曲过程

Fan 等报道了一种溶剂调控型重 / 轻油水分离材料[图 3-12(a)]，即以纤维素织物（ CFs ）为原料，利用 NaOH/ 尿素和 $ZnCl_2$ 水溶液对其溶胀和微溶解，然后在织物表面原位合成片状六角氧化锌。当将其浸入月桂酸乙醇溶液 2min 后，ZnO-CFs 的 WCA 大于 155°，表现为超疏水 - 超亲油性，油水分离效率高于 96.5%；当将其浸入 NaOH/ 乙醇水溶液中 2min 后，ZnO-CFs 的 WCA 接近于 0°，表现为超亲水 - 疏油性，油水分离效率大于 98%。即使经过 10 次循环测试，该织物的润湿性与可切换性也没有明显变化 [图 3-12（b）]，这表明 ZnO-CFs 可以实现其润湿性的简单、快速、可逆切换。

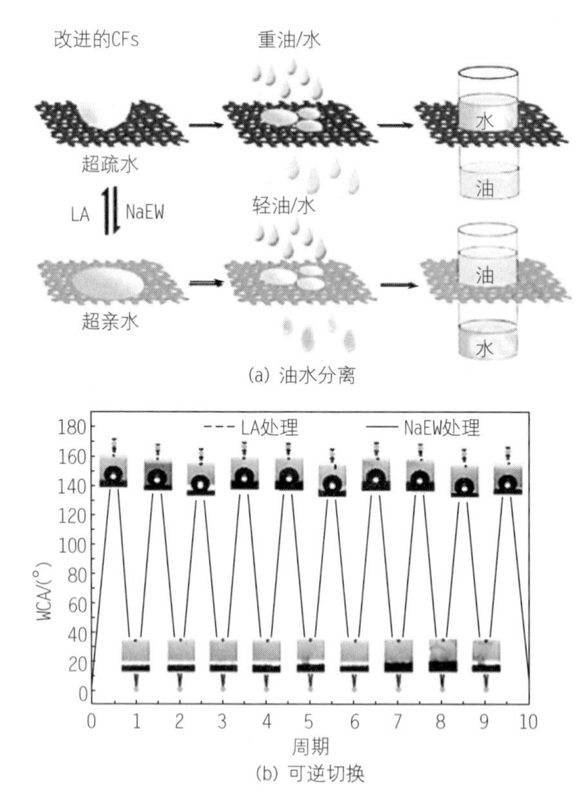

图 3-12　ZnO-CFs 的油水分离示意图与在溶剂调控下超疏水性和超亲水性可逆性切换

Doan 等采用静电纺丝技术，利用壳聚糖（CS）和聚己内酯（PCL）制备了油水可控分离纳米纤维膜。当水预先润湿 CS/PCL 纳米纤维膜时，水可以通过而油被阻拦于其上方；当油预先润湿 CS/PCL 纳米纤维膜时，油可以渗透而水被阻拦于其上方。针对不同油水乳液，光学显微镜观察到初始乳液分散相的液滴在过滤处理后不再存在，分离效果优异（图 3-13）。

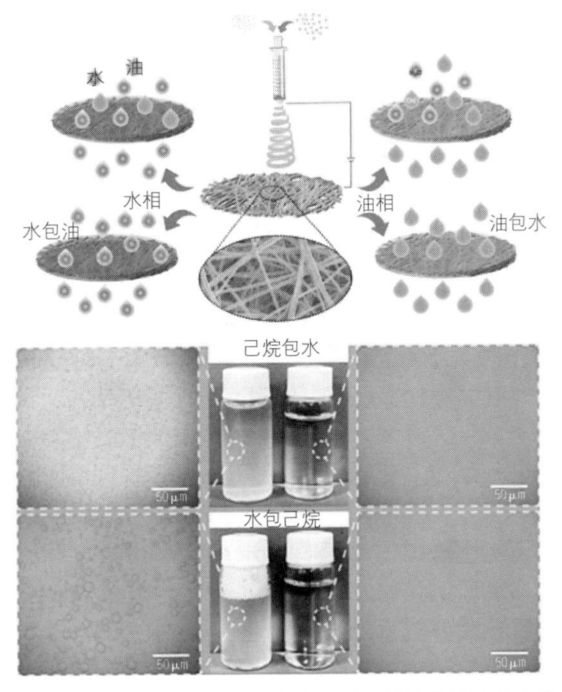

图 3-13　CS/PCL 纤维膜的制备流程图及其油水乳液分离前后的光学显微镜图像和照片

3.8.3　湿度刺激响应型智能材料及其仿生制备

瑞典皇家理工大学周琪教授课题组制备了湿度智能响应光子结构，通过聚乙二醇（PEG）和纤维素纳米晶，在缓慢干燥过程中得到螺旋

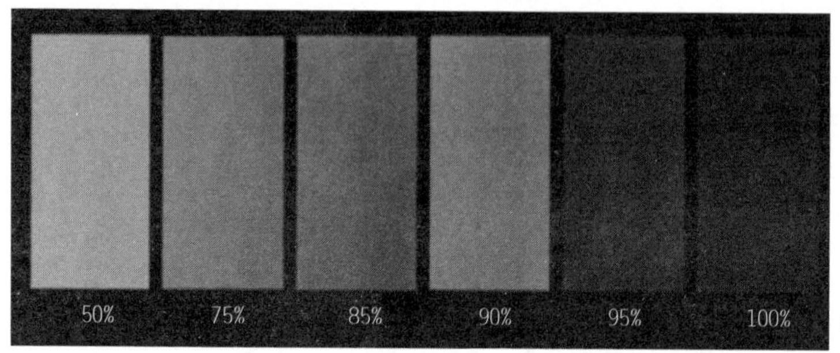

图 3-14　CNC/PEG 复合薄膜在不同相对湿度下的结构色（见封三）

结构均匀的固体薄膜。如图 3-14 所示，柔性且具有智能响应性的手性向列相 CNC/PEG 复合薄膜进行可逆膨胀脱水时，随着其相对湿度在 50% ~ 100% 之间增加或减少，其结构颜色在绿色和透明之间呈现可逆、均匀的变化。该复合材料还具有良好的力学性能和耐热性能，可以应用于比色传感器、光学活性元件、油墨和装饰涂料等领域。此外，该课题组还成功地将基于聚集诱导发射发光源（AIEgen）的金属有机框架（MOF）大块晶体剥离成超薄的二维（2D）纳米片。海藻纤维素纳米纤维（CNFs）与少量 2D 纳米片组装成发光复合材料。在稀水悬浮液中，由于 MOF 纳米片的柔韧性和 CNFs 的高纵横比，二维纳米片被吸附在 CNFs 上，以 CNF-MOF 组件的水悬浮液为原料，采用溶液浇注法制备了透明膜。由于 MOF 纳米片与 CNFs 之间具有良好的亲和力，使得复合薄膜的荧光发射增强。值得注意的是，这些薄膜在可见波长范围内表现出良好的紫外线屏蔽能力和优异的光学透过率。该复合薄膜的荧光发射强度随环境湿度的变化呈可逆变化。该复合薄膜的拉伸强度和模量也因吸附 MOF 纳米片，增加了 CNFs 之间的黏结力而提高。该工作为制备具有可调光学性能的发光 CNFs 基功能材料提供了一条新的途径。

中科院宁波材料所陈涛研究员带领的智能高分子材料团队受到聚多巴胺对水汽的敏感性以及碳基材料如石墨烯等独特的气体阻隔性的启发，将两者协同作用，制备了基于刺激响应高分子与石墨烯的纳米复合智能软驱动材料。研究人员通过采用真空抽滤 - 自组装的方法，将原位聚合制备得到的大尺寸还原氧化石墨烯 / 聚多巴胺（RGO-PDA）纳米复合薄片的分散液组装成宏观尺度的层状结构纳米复合薄膜。在水汽梯度驱动下，该薄膜具有极高的响应灵敏度、快速运动能力（1000° /s）、强驱动力（可以承载自身 42 倍重量）以及连续自发运动等优良性能。在以前，只有双层结构的材料才能进行驱动，这种材料突破了这种限制，其驱动是通过在外部刺激过程中均一薄膜原位形成双层结构来实现的，这为制备新型快速、高灵敏驱动材料提供了一种新思路。

3.8.4　多重刺激响应型智能材料及其仿生制备

以单一刺激响应性聚合物作为原材料，可采用可逆加成 - 断裂链转移聚合（RAFT）、原子自由基聚合（ATRP）、氮氧自由基聚合（NMP）和开环复分解聚合（ROMP）等技术手段进一步制备双（多）重智能响应材料。例如：pH 值与温度双重响应聚合物可通过将 PNIPAM 与丙烯酸共聚获得；温度和离子强度双重响应聚合物可通过 ATRP 法将 PNIPAM 与离子液体共聚获得；温度场和电场双重响应材料可以通过用 DAV 做交联剂，将 PNIPAM 与 BVIm-Br 共聚来获得；以 NIPAM 与 2-（4- 苯基偶氮苯氧基）乙基丙烯酸酯（PAPEA）为单体，利用 RAFT 法可以聚合成 PNIPAM-b-PAPEA 嵌段共聚物，获得温度和光双重响应材料。Ma 等采用高强度电纺聚酰亚胺基（PI）纳米纤维作为基底，通过进一步浸涂癸酸（DA）-TiO_2 混合物和 SiO_2 纳米颗粒前驱液，然后高温退火，制备了 pH 值 / 气体双重响应性 PI 复合膜。该复合膜在 pH 值为 6.5 时，具有稳定的超疏水性，与水的接触角能够达到 155°，这归因于 DA 烷基链的低表面能和纳米级的表面粗糙度；在 pH 值为 12 时，羧酸钛配位键断裂，膜表面的 WCA 迅速下降至 0°，呈现为超亲水性。热稳定性和耐磨性测试结果表明，该复合膜能够在极端条件下拥有极高的通量和分离效率。另外，该 PI 复合膜暴露于氨气中，会引起其表面润湿性的变化，有助于远程控制其油水分离过程。

Lee 等首次设计了一种基于可逆的邻苯二酚 -Fe^{3+} 配位化学的贻贝类水凝胶致动器。该水凝胶致动器是通过 DMA 和 *N*- 羟乙基丙烯酰胺（HEA）的共聚过程合成的，然后通过电场辅助电离印刷法将图案化的 Fe^{3+} 整合到局部水凝胶网络中。需注意，硼酸盐基序需要预先引入水凝胶网络中作为临时保护基团，以帮助在电印过程中局部形成儿茶酚 $-Fe^{3+}$ 复合物。当贻贝启发的水凝胶浸入碱性溶液（pH=9.5）中时，由于产生了 DOPA-Fe^{3+} 三重复合物，其局部交联密度大大增加。由于交联密度存在明显的梯度，因此该水凝胶很容易使用 pH 值作为触发来产生弯曲驱动作用（图 3-15）。

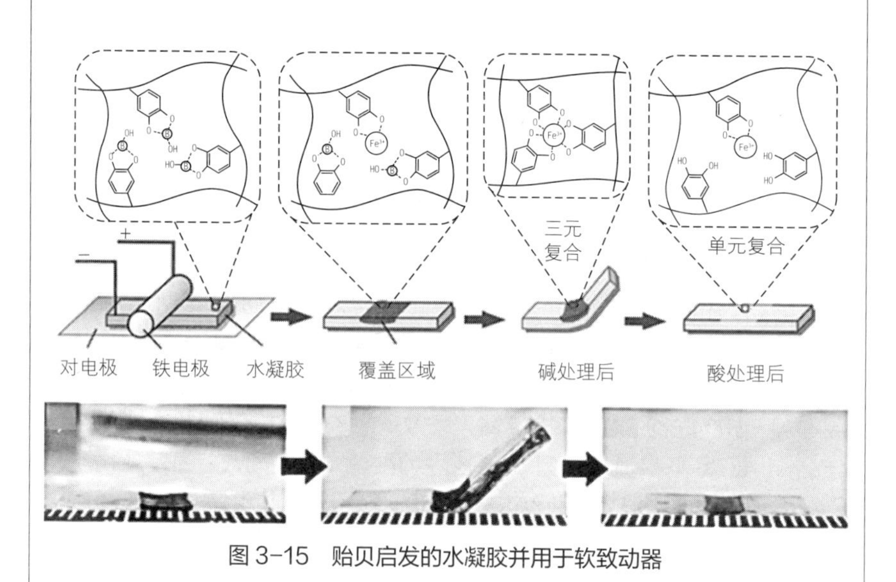

图 3-15　贻贝启发的水凝胶并用于软致动器

除了 pH 值外，还可以通过许多因素来调整此水凝胶驱动的曲率和速率，例如沉积的 Fe^{3+} 含量、施加的电压、DMA 含量和水凝胶厚度。不同金属离子对这种贻贝型致动器的致动速率和弯曲曲率的最大作用效果遵循以下大小顺序：$Ti^{4+}>Fe^{3+}>Al^{3+}\approx Cu^{2+}\approx Zn^{2+}$。这在很大程度上取决于邻苯二酚－金属离子配合物的化学计量和相互作用强度。其中，Ti^{4+} 的驱动速度极快，为 2.2 ~ 2.5$mm\cdot s^{-1}$，比其他金属离子高 5 ~ 22 倍。除 PDMA/PHEA 致动器外，还利用 PDA/PVA/Fe^{3+} 水凝胶的黏合特性，将具有不同热胀系数的两层膜（即双轴取向聚丙烯和纸）黏合，设计出以贻贝为灵感的夹层三层复合致动器。由于界面模数可调，以及光热效应和湿气膨胀效应的作用，设计出的贻贝型水凝胶致动器对热量、湿度、NIR 光和电压具有多种响应，甚至还具有独特的自锁功能。

第 4 章

仿生机器人与传感技术

仿生机器人是利用仿生学的原理，设计和制造的具有类似生物体结构、功能和行为的机器人。仿生机器人主要包括仿人机器人、仿生物机器人和生物机器人。

4.1 仿生机器人

自 1995 年起，美国国防部《基础研究计划》一直把“仿生学”列为六大“战略研究目标（领域）”之首，充分表明了仿生技术在国防和军事领域的重要地位和作用。在过去 35 亿年的演化过程中，自然界的生物体表现出极好的生物学合理性和对环境的强适应性，这就给机器人的研究发展带来了新的思路和方法，打破了传统机器人的技术桎梏。而仿生机器人，则是将仿生技术与机器人领域的实际应用需求结合在一起，使机器人发展到更高层次。生物的结构和功能特征被逐渐揭示，为机器人的仿生设计提供了许多有益的参考，使得机器人融合仿生学方法及生物激励模式下的设计形态学，如图 4-1 所示，继而获取“形（结构等外在形状）”和“态（功能和行为等蕴含的内在状态）”等一系列良好的性能。

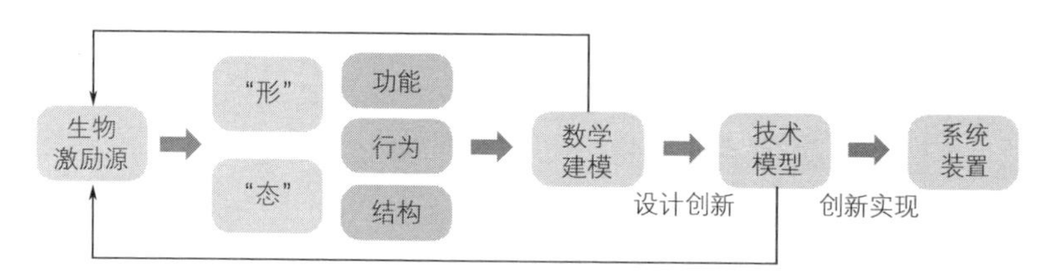

图 4-1　融合仿生学方法及生物激励模式下的设计形态学过程模型

4.1.1 仿生机器人分类

仿生机器人具有生物和机器人的特点，根据其工作环境可以划分为陆地仿生机器人、空中仿生机器人、水下仿生机器人，如图 4-2 所示。同时，也有许多科研单位研制出了水陆两栖机器人、水空两栖机器人等多功能仿生机器人。仿生机器人按其运动形式的不同，可以划分为跳跃式仿生机器人、轮式仿生机器人、足式仿生机器人和攀爬仿生机器人等。仿生机器人按其功能可分为作战与攻击仿生机器人、侦察与探险仿生机器人、排雷与排爆仿生机器人、防御与安保仿生机器人、后勤与维修仿生机器人、防化与防辐射仿生机器人等。

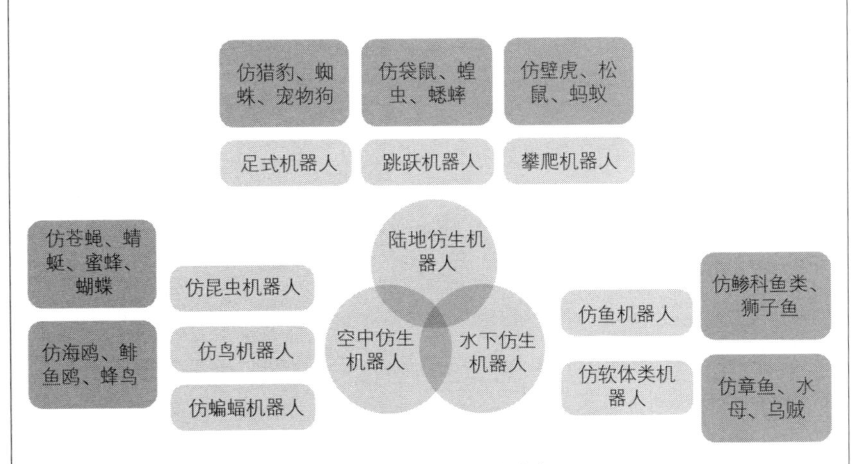

图 4-2　仿生机器人分类

4.1.2　仿生机器人历史进程

仿生机器人的诞生充分地体现了仿生应用的理念。中国古代三国时期的木牛流马和 Rygg 设计的机械马（1893 年）是人类最早对陆地仿生机器人的探索；模拟鸟的飞行进行扑翼飞行器设计（1485 年）是人类最早对空中仿生机器人的探索；人类还探索了水下仿生机器人。

仿生机器人研究需要对生物本质进行深刻的理解和全面掌握现有科学技术，其中涉及多个学科的交叉融合，未来的发展趋势应当是将现代机构学和机器人学的新理论、新方法与复杂的生物特性相结合，实现结构仿生、材料仿生、功能仿生、控制仿生和群体仿生，使其具有更贴近生物的性能、更好地适应复杂的环境，最终达到宏观与微观的统一，获得更广泛的应用前景。从仿生机器人的发展来看，它的发展经历了四个阶段，如图 4-3 所示。

第一个阶段，即探索期，这一阶段主要是对生物原型的初步模仿，比如用来模拟鸟的扑翼，这一阶段主要依靠人力驱动。

第二个阶段，即20世纪中后期，随着计算机技术的发展和传动机构的革新，仿生机器人进入了宏观仿形与运动仿生阶段。它主要应用于生物功能，如步行、跳跃、飞行等，以及在某种程度上实现人工控制。

第三个阶段，进入21世纪，随着人们对生物系统的功能特性、形成机制的认识不断深入，以及计算机技术的不断发展，机电系统逐渐与生物的特性相结合。

第四个阶段，由于对生物机制的深入认识和智能控制技术的不断发展，仿生机器人正向结构与生物特性一体化的类生命系统发展。随着人类对大脑和神经系统的研究越来越多，仿生大脑和神经系统的控制也越来越受人们的重视。

图4-3 仿生机器人发展历程

4.2 陆地仿生机器人

根据机器人的步行姿势，可以将其分为足式机器人、跳跃机器人、攀爬机器人等。

4.2.1 足式机器人

1968年，美国设计了一台四足机器人Walking Truck，能够载人步行，该四足步行机器人的腿部是由三根连杆串联而成的三自由度开链式结构。其腿部各个关节的运动由伺服阀控制，并且设有强大的反馈装置，操作者可以了解腿部的运动情况并操作液压控制阀。该样机具有搬运承载功能，是早期足式机器人在运输承载领域的代表作。美国波士顿电力公司成立于 1992 年，它对机器人方面进行了长期的研究，不断刷新人们对这个领域的认知，包括曾引领机器人时代潮流的美国阿特拉斯机器人和 Big Dog 四脚运输机器人。2013 年在旧金山举行的游戏开发会议上，美国国家航空航天局（NASA）的代表团展示了一款新型“六足机器人”，被命名为 ATHLETE，它由 NASA 的实验室开发，能实现步行、跳跃和舞蹈的遥控控制。ATHLETE 机器人实际上是一种全地形地外天体探索者，它最大的特色在于它有“六条腿”，也就是六个负重轮。科学家们还在它的腿部设计了一个灵活的铰链，使它能在大范围内移动、装卸货物、爬上 36° 的坡道。Festo 公司以蜘蛛为灵感设计生产的仿生蜘蛛机器人 BionicWheelBot，可将 6 条“腿”变为身体圆环的一部分，利用 2 条“腿”推动身体滚动，如图 4-4 所示。

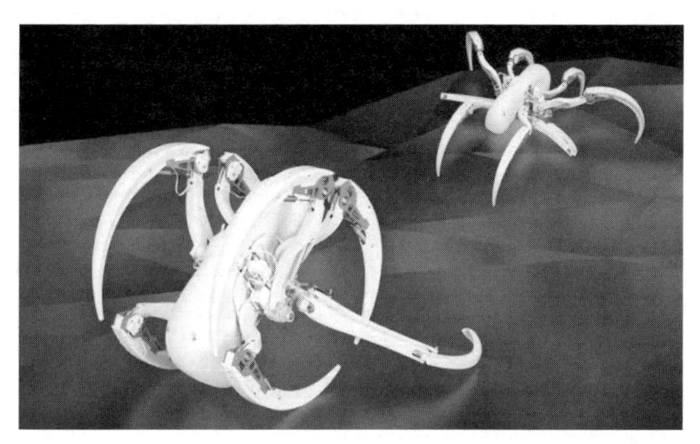

图 4-4 仿生蜘蛛机器人 BionicWheelBot

在美国国防部高级研究计划局（DARPA）部分资助下，麻省理工学院（MIT）开启了猎豹机器人 Cheetah 项目。猎豹机器人从第一代开始便表现得十分惊艳，像猎豹一样具有灵活的“脊椎”结构，搭载着激光陀螺仪、随载计算机等高新技术产品，能够奔跑冲刺、快速变向、急刹停止、跨越障碍物，成为目前世界上速度最快的机器人，能达到30mi/h（大约48km/h）的奔跑速度。自从第一代猎豹机器人研制成功之后，麻省理工学院就开始了第二代、第三代的开发。在这些机器人中，第三代猎豹机器人（Cheetah 3）是一种体重90磅左右（约41kg）的四足机器人，和一条成年拉布拉多犬差不多大小。因为是用脚代替车轮，所以猎豹Cheetah 3在崎岖的道路上走得更平稳，三条腿即可维持身体平衡。2019年，麻省理工学院的研究者们在Cheetah 3基础上，研发出更小、更平衡、更易自行爬起来的微型“猎豹”机器人（Mini Cheetah）。

2020年，美国波士顿电力公司设计的足式机器人Spot被应用于新冠病毒疫情的防控。防疫人员通过远程控制系统指挥Spot巡视人们的行动区域，并利用广播宣传防疫防控措施，极大地降低了新冠病毒感染的风险。此外，Spot还可以配备人机交流的平板或者加装用于信息采集的摄像头。我国浙江大学机器人研发团队在足式机器人研究领域取得了丰硕成果，所研发的赤兔机器人能够像自然界中的哺乳动物一样，进行跳跃、奔跑、爬楼梯等动作。其整机采用电机驱动，噪声较低，在美国国家仪器公司举办的年度工程影响力大奖赛上享有盛誉。赤兔机器人单腿呈现三自由度串联开链式结构，各腿部关节由电机提供动力；装备了大量的传感器来调整机器人整机的位置和姿态；每条腿的足端设有压力传感器，用于反馈足端所受的压力大小；通过无线信号可以实现人机交互。2021年8月，小米公司推出了CyberDog仿生四足机器人，搭载了小米自主研发的高性能伺服电机，其最大输出扭矩为32N·m，最大转速为220r/min，最大行走速度为3.2m/s，在确保扭矩的同时兼具高速性能，做到灵动响应，如图4-5所示。强劲的性能使CyberDog可以轻易地完成各种高难度的动作，如高难度的后空翻等。CyberDog内建有超感视觉探测系统，能够自主识别跟踪、构建SLAM地图、导航和避障。小米公司采用了人像检测技术和步长识别技术，保证了跟踪功能的稳定性，并利用面部识别技术赋予CyberDog宠物化特性，以满足用户在不同场景的需要。

2022年北京冬奥会加速了冰雪运动的普及，同时也推动了机器人在冰雪场景的落地应用。六足滑雪机器人、六足冰壶机器人的亮相，向世界展示了中国足式机器人的风采。2022年，上海交通大学高峰教授

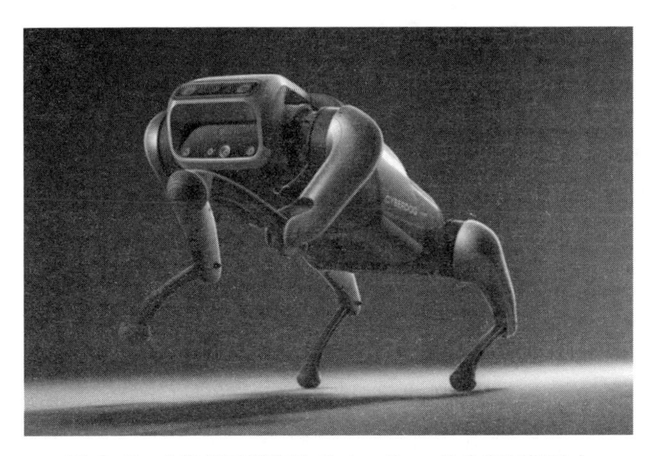

图 4-5　小米公司发布的 CyberDog 仿生四足机器人

团队成功研发的六足滑雪机器人亮相沈阳，顺利完成初级道、中级道，以及与人共同滑雪实验。在雪场外面，上海交通大学和上海智能制造功能平台有限公司合作开发的六足冰壶机器人登上冰面，化身冰壶选手，凭借精准有力的击打操作一展风采。该机器人具有类似人类的特点，在扔冰壶的时候，它的前肢就像是一对“手”，可以牢牢地抓住和转动冰壶，在滑行时将其向前抛出，完成投壶或打击动作；两个位于机身中间的机械腿起到了支撑作用，与冰壶选手的支撑腿相似；另外两条机械腿，可以模拟出运动员的跑动，帮助自己向前滑行。冰壶运动结束后，它还可以调节成直立姿势，在冰上漫步，显示了其多种用途。

4.2.2　跳跃机器人

跳跃机器人的探索最早起源于 NASA 实施的阿波罗登月计划。随后各国科研机构对跳跃机器人进行了广泛的研究。东京大学 Niiyama 等对自然界中许多生物的跳跃形式进行了透彻的分析，探索了其中包含的形态特征和规律，设计出一种气动双足型跳跃机器人 Mowgli，其跳跃高度可以达到自身体长的 1.5 倍，实现对跳跃和着陆运动的灵活控制。Mowgli 每条腿由 3 个带有 McKibben 气动系统的肌肉执行器和被动弹簧组成的全驱动关节（即髋关节、膝关节和踝关节）和一个欠驱动关节组成。德国费斯托（FESTO）公司借鉴袋鼠运动机制研发了一种由髋关节、尾部和腿驱动构成的双足跳跃机器人 Bionic-Kangroo，其整个运动过程包括起跳、腾空和着陆 3 个行为，借助于各关节的协调配合来实现跳跃和稳定着陆，如图 4-6 所示。受沙漠蝗虫形态启发，Zaitsev 等开发了双足跳跃机器人 TAUB，其跳跃机构由模仿沙漠蝗虫腿节和胫节结构比例的双腿组成，腿节和胫节之间通过扭力弹簧连接来模拟蝗虫腿的储能和跳跃功能。TAUB 腿部最大开口角可达 150°，可在自身质量为 22.6g 的前提下完成 3m 距离或高度的跳跃。Scarfogliero 等剖析了自然界中蟋蟀的腿部形态、结构和弹跳机制，构建了一款质量为 15g、长度为 50mm 的四足跳跃微型机器人 Grillo，它能够克服障碍物且在非结构化环境中移动，弹跳瞬间可以获得约 1.5m/s 的初速度。南京航空航天大学提取分析了蝗虫蹬腿跳跃行为等形态特征，构建了相应的力学模型，设计出能够适应不同表面结构的连续弹跳的跳跃机器人。

图 4-6　模仿袋鼠的双足跳跃机器人 Bionic-Kangroo

4.2.3　攀爬机器人

斯坦福大学 Jiang 等模仿壁虎凭借脚掌刚毛与接触物体表面间的范德瓦耳斯力吸附于物体表面的机制，设计了一种带有方向黏附力的材料，并将其应用于太空环境中抓取物体。Estrada 等分析黄蜂能够牢牢抓住物体表面并用腹足爪钩拖动比身体大数倍猎物的机制，开发出了可以拖动质量为自身 40 倍的物体的 FlyCroTugs，并能通过相互合作完成军事侦察任务。Haynes 等模仿松鼠灵巧攀爬的形态机制，研发了一种动态、高速爬杆的仿生机器人 RiSE，其攀爬速度可达 28cm/s，能够到达指定位置保持低功耗驻停，以完成侦察任务和军事搜索。FESTO 根据蚂蚁的结构，设计出一种仿生蚂蚁，头上有立体摄像头，肚子上有感应装置，可以在任何时候进行红外线定位；其触角是一个充电装置，当电量耗尽时，它们会立刻给自己充电。另外，仿生蚂蚁之间能够相互沟通，协同工作，如图 4-7 所示。

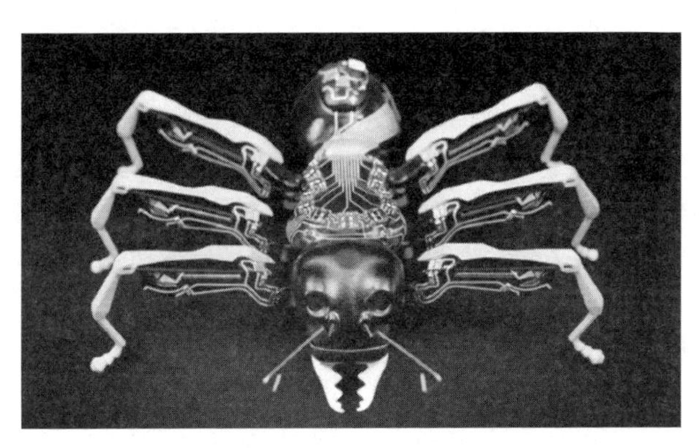

图 4-7　仿生蚂蚁机器人

Ji 等模仿自然界中松鼠等能够实现攀爬功能的生物的爪子形态和结构，将弹性橡胶体和棘针结合开发出一种仿生爪装置，可以被动适应在不同表面的攀爬作业。Liao 等根据树栖蛇缠绕爬升运动，开发了一个气动缠绕式软体爬杆机器人，它由一个缠绕执行器和一个伸缩执行器组成，最大可以获得 30.85mm/s 的攀爬速度，承载载荷可达自身质量的 25 倍，可应用于特殊环境下，如危险化学品和辐射环境。其他用于陆地军事的仿生机器人，如通过对蚯蚓、鼹鼠和穿山甲等结构形态和运动机制的深入研究而研制的挖掘机器人，也取得了很好的效果，已能够执行扫雷、侦察和排爆等军事作业。

4.3 空中仿生机器人

飞行器的研究源于人们对于飞行物种的敬畏和钦佩。三维空间的运动使得飞行器在地理上更具有行动优势。随着设计尺度的减小，机器人对于能源利用效率的要求将越来越高。因此，采用仿生技术进行结构设计具有十分重要的意义。

4.3.1 仿昆虫机器人

2007 年，哈佛大学 Wood 教授研制出了全球首个昆虫大小的微型飞机 HMF，它可以借助轨道顺利地起飞。加利福尼亚大学伯克利分校 Chukewad 等仿照苍蝇卓越的飞行技巧，开发了一种带有 4 个翅膀的微型机器人 RoboFly，其质量约 300mg，翼展为 3cm，借助于翅膀拍打所产生的高频振动（大约 150Hz），使机器人在空中持续飞行从而进行侦察军事活动。为了效仿蜻蜓突出的飞行本领，解决旋翼飞机在急流情况下难以飞行平稳的难题，英国国防科技研究所和荷兰代夫特大学共同对蜻蜓结构体态和飞行机制进行大量的考察和探索，先后开发出了 DelFly Nimble 和 Skeeter 机器人。其中，DelFly Nimble 机器人在充满电的条件下能够保持 1000m 以上的飞行距离，甚至在空中可以实现 360° 翻转；Skeeter 机器人质量不到 20g，却能够在高达 1000m 的空中完成监视任务。Ma 等根据蜜蜂肢体和空中飞行的特殊形态，在美国国防高级研究计划局（DARPA）赞助下对其进行仿生形态学研究，研制出了质量只有 0.1g 的 RoboBee，是当时世界上最小的仿昆虫机器人，可以进行垂直起飞、悬停和转向等操作行为，取得了惊人的技术突破。2016 年，世界知名的自动化公司 Festo 在展会上向广大观众展示了仿生蝴蝶 eMotion Butterflies，如图 4-8 所示。该仿生蝴蝶双翼配备了特殊的微型电机，翅膀每秒摆动 1 ~ 2 次，飞行速度可达 2.5m/s。其自身质量仅为 32g，充电 15min 大约可飞行 3 ~ 4min，还装有指南针、陀螺仪、加速计、惯性测量装置以及两个 90mA 的锂电池。此外，该公司还推出过水母、企鹅、蚂蚁、蜻蜓、袋鼠、海鸥等仿生机器人。

图 4-8　仿生蝴蝶 eMotion Butterflies

4.3.2　仿鸟机器人

德国费斯托（FESTO）公司根据海鸥和鲱鱼鸥翼展特征和扑翼运动机制，设计了一款可以在空中飞行、滑行和盘旋的扑翼飞行器 SmartBird，它具有突出的能量利用效率和卓越的空气动力学属性，其中驱动电机效率达 45%，空气动力学效率约为 80%。自然界中的蜂鸟具有双重特征，可以像鸟类自由操控翅膀实现瞬时飞行，还可以像昆虫一样在空中即刻悬停。为了将其投入到军事领域，美国 DARPA 对 AeroVironment 公司进行资助，分析总结了蜂鸟的飞行姿态及其机制，并用 5 年时间开发了一款质量为 10g、翼展为 16cm 的机器人 HummingBird，它可以完成多种高难度动作，例如悬停、翻筋斗等，在小范围空中能够进行侦察工作。斯坦福大学 Chang 等研究鸟类的飞行过程，发现它们在面对不同的飞行状况时能够自主调节羽毛姿态，据此研发了一种欠驱动变形翼机器人 PigeonBot。它借助于 4 个驱动器来操控 40 根弹性连接的羽毛，飞行试验结果显示了其较高的空气动力学性能和稳固性。如图 4-9 所示，仿生雨燕（BionicSwifts）有 44.5cm 的身长，68cm 的翼展，质量只有 42g。为了使其飞行姿态更逼真，它的翅膀是以鸟类的羽毛为模型。每个类羽毛片材都是用超轻、柔软且结实的泡沫塑料制作而成，它们像瓦片般相互堆叠。这些片材与碳纤维套管相连。BionicSwifts 的身体包括机翼拍打结构、通信部件、机翼振动控制部件、机尾、无刷电机、两个伺服电机、电池、变速箱和电路板等。法国 Edwin Van Ruymbeke 模仿了鸟类的身体结构，设计了一款具备飞行能力，可以遥控操作，形态精致，可以长久飞行的仿生飞行器。

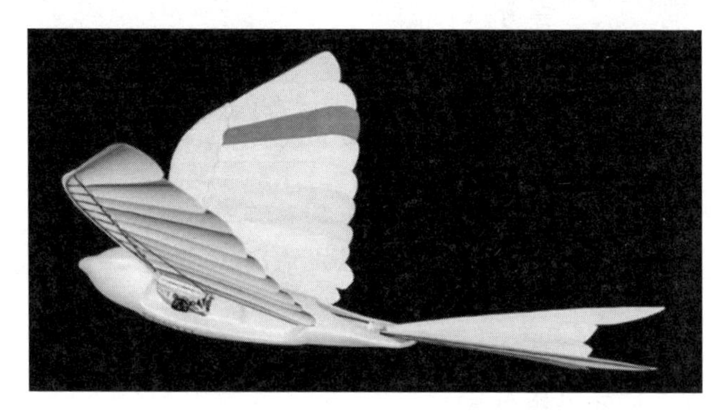

图 4-9 BionicSwifts 仿生雨燕机器人

4.3.3 仿蝙蝠机器人

由于蝙蝠可以通过单独的操纵关节来调整其翅膀的翼展、弯度和迎角，所以在飞行中表现得非常敏捷。昆虫的翼结构没有蝙蝠那么复杂，大多数是单一的未联结结构单元。与其他飞禽相比，蝙蝠拥有独特的飞行机制。根据蝙蝠的翅膀构造，伊利诺伊大学和加利福尼亚科技大学的研究小组成功地制造出了一种能够独立飞行的机器人 Bat Bot（B2），如图 4-10 所示。与当前其他飞行机器人（比如四旋翼飞行器）相比，蝙蝠仿生飞行机器人拥有众多优点。受材料和设备（比如尖锐的转子叶片或螺旋桨）以及高振幅噪声限制，传统的四旋翼飞行器和其他旋翼飞机被认为对人类不安全。蝙蝠仿生飞行机器人最大的优点就是其柔韧的翅膀主要由柔性材料组成，并且振翼频率更低（7 ~ 10Hz，而四旋翼飞行器为 100 ~ 300Hz）。该机器人在各种环境下运行和飞行都更为安全，几乎不会造成任何损坏。蝙蝠飞行运动学中的主要自由度在 B2 的振翼、前肢中间运动、手指屈曲伸展、腕部（将手连到前肢的小骨头）前后旋转以及腿背侧运动的设计中得到了充分体现。FESTO 研发了仿生蝙蝠机器人 BionicFlyingFox，它非常轻便，能在空中飞行并在高处停留一定的时间。

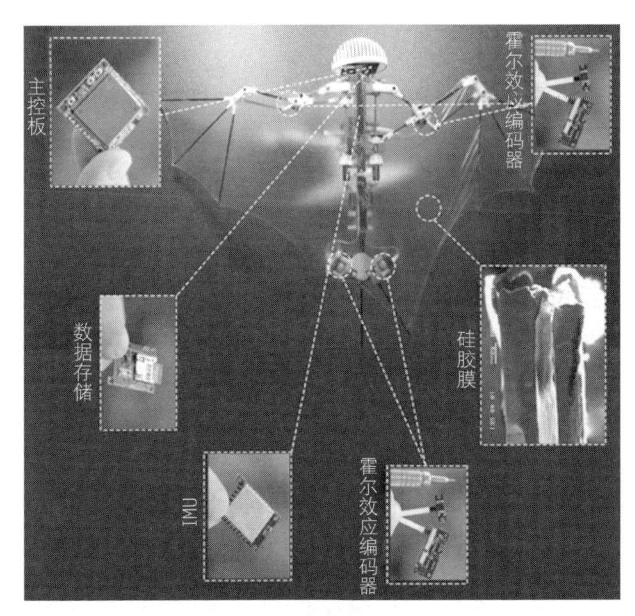

图 4-10　蝙蝠仿生飞行机器人

4.4　水下仿生机器人

目前水下机器人的推进机构在复杂的水体环境中存在着诸多缺点，例如常规螺旋桨和叶轮噪声过大、适应性差等，导致其应用受到很多限制。因此，当前水下仿生机器人研究的重点在于赋予其轻巧的结构和水下出色的运动能力。研究人员基于鱼类、软体类和爬行类等生物体的外形特征和推进机制，从设计形态学角度出发，融合机器人学和仿生学，再模仿其运动特点来研发水下机器人。微型水下仿生机器人（包括仿生鱼、仿生水母、仿生螃蟹等）长度较短，一般不足 10cm，具有灵活的功能，能够像水中生物一样避障、上浮、下潜、转弯、爬行、抓取，还具备自主巡游、远程控制等功能，可以执行各种工作，像水下数据收集、水污染探测、辅助手术、细小管道清淤等，还可以实现多机器人的协作和分工作业，用途非常广泛。

4.4.1 仿鱼机器人

根据研究，大部分鱼类的游泳效率高达 80%，远高于传统的螺旋桨推进器，因此模仿鱼类游动模式成为水下机器人研究领域受到广泛关注的新方向。在模仿鱼类的原型样机研究中，主流是模仿鲹科鱼类依靠身体尾鳍摆动推进的机器人研究。但近几年，也慢慢出现了一些以蝠鲼科鱼类为原型的仿生机器鱼原理样机的研究。蝠鲼科鱼类拥有宽大的胸鳍，通过波动或振荡胸鳍的方式往前运动。我国机器人学国家重点实验室开发了一种模仿鳐科鱼类通过胸鳍上下振荡游动的仿生水下机器人。该机器人具有蝠鲼一样宽大的胸鳍，鳍条由刚性的光敏树脂材料构成，弹性硅胶膜夹在鳍条之间用以连接相邻的两根鳍条，并构成波动鳍的鳍面。6 根鳍条由 6 台伺服电机独立驱动，能够精准地控制鳍条运动的角位置。该机器人完全无缆自治，无线信号传输模块能够将机器人的状态信息上传给岸上电脑终端。该机器人内部有一块型号为 Raspberry Pi 3B+ 的卡片计算机，通过中枢模式发生器模仿生物的节律运动网络计算出每根鳍条每时每刻的角位移信号。在中枢模式发生器的控制下，鳍条的运动能够模仿鳐科鱼类胸鳍的正弦波动，产生前向的推力。通过控制两侧鳍条振荡的参数（幅值、频率、相位差），可以实现仿生机器鱼巡航、转弯、悬停等运动模态。

浙江大学研究小组从深海狮子鱼获得启示，将仿生学、材料学等多学科相结合，开发了一种能够适应低温、高压等极端环境的仿生深海狮子鱼。它利用柔软的人工肌肉来驱动一对翅膀般的柔性胸鳍，通过有节奏的扑翅来游动，为深海军事活动提供了潜在的解决方案。2018 年 6 月，我国一家专注水下智能机器人研究的公司 ROBOSEA 在 CES Asia 展会上发布了水下仿鱼机器人 Robo-EDU 和 Robo-SHARK，如图 4-11 所示。前者以热带盒子鱼为原型进行仿生设计，通过单关节仿生尾鳍摆动来驱动。后者以鲨鱼为原型，采用多关节仿生尾鳍驱动，同时外壳为吸声材料制成，降低了设备运行功耗及水下噪声，适合长时间水中游弋，可广泛应用于水下侦测、测绘等领域。同时因其所采用的仿生尾鳍驱动技术，它的能量转换率大大高于螺旋桨动力，续航里程非常可观。

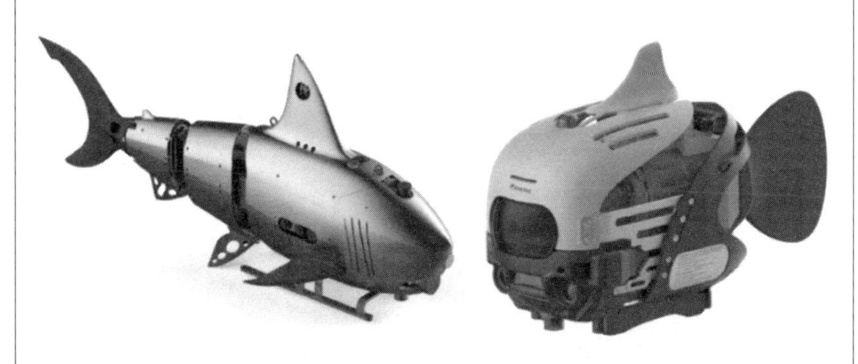

图 4-11　水下仿鱼机器人 Robo-SHARK 与 Robolab-EDU

4.4.2　仿软体类机器人

美国加州大学圣地亚哥分校 Christianson 等开发了一种仿生章鱼机器人，它通过模仿章鱼的结构特征和水下吸水行为来改变形状，随后在后方循环喷水以实现向前运动，运动速度大约为 18 ~ 32cm/s。美国弗吉尼亚理工学院的 Villanueva 等开发了一种直径为 164mm 的仿生水母机器人 Robojelly，它通过模仿海月水母的形态和推进机制，借助于仿生形状记忆合金复合材料进行驱动，最大速度可达 54.2mm/s。韩国首尔国立大学 Song 等基于智能软复合结构（SSC）材料为执行器研发了一种仿生海龟，它利用编织物和形状记忆合金进行复合使其具有较为复杂的柔和动作，运动速度最高约为 22.5mm/s。日本香川大学 Shi 等根据水母运动形态提出了一种新型仿生水下机器人，通过形状记忆聚合物来推进。2013 年，美国科学家研发了一款名为“Cyro”的水母机器人，它是美国海军水下作战中心和海军研究办公室出资完成的一项研究成果。如图 4-12 所示，Cyro 由硅树脂材料制成，会有黏糊糊的触感，长约 1.5m，宽约 18cm， 质量约 77kg，由一块可充电的镍氢电池提供动力。它能独立地在水中游动，并对敏感数据进行收集、存储和分析。Cyro 的“大脑”是位于其中部的一个控制盒，研究人员表示之后还会在它身上安装摄影机和其他监测设备。

高飞等将形状记忆合金丝和硅胶组合形成仿生外套膜，模仿乌贼驱动推进的运动方式，研发了一种仿生机器人，其运动性能更佳，速度

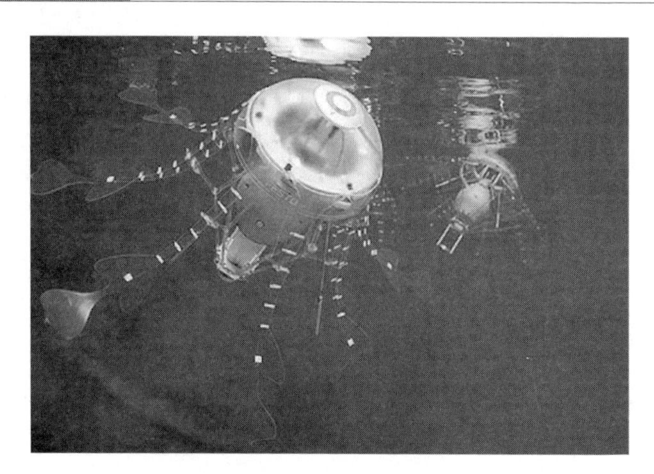

图 4-12　Cyro 水母机器人

高达 87.7mm/s。中国科学技术大学 Zhou 等基于软智能模块化结构（SMS）开发出水母的三维运动模式，其速度已超过海洋水母，最大线性巡航速度可达 111mm/s。哈尔滨工程大学林希元等开发出一款仿生水母，利用形状记忆合金弹簧进行驱动，搭建了非线性控制系统来模拟水母的排水情况、运动速度以及形状记忆合金加热电流的关系。哈尔滨工程大学郭书祥教授领导课题组攻克了水中微型机器人的核心技术——离子聚合物 ICPF 的制作工艺，成功研制出“人造肌肉”——像肌肉一样可以柔性弯曲的生物型驱动器，奠定了水下仿软体类机器人的研发基础。

4.5　视觉仿生探测技术

现如今，机器人程序操控灵活，逐渐趋向于智能化，能够独立于人类来进行工作，这些都主要来自传感器的贡献。传感器作为机器人感知外界的重要助手，提供了对外部环境的感知能力，例如视觉、力觉、触觉、嗅觉、味觉等，它们就像人类的感知器官。此外，传感器在工作中不仅能够随时监督机器人自身状态，还能检测其外部工作环境和目标状态，同时它还可以按照一定的规律将其转换成某些可用的输出信号。也正因为机器人身体中各种不同的传感器，像视觉、听觉、力触觉、距离传感器以及速度和加速度传感器等，才使其具有如此高的灵敏度。这都离不开视觉仿生探测技术、听觉仿生探测技术、力觉处理技术、触觉处理技术、多信息获取与融合技术等的高速发展。

视觉仿生探测技术是一种基于生物视觉特性的成像系统来进行设计，利用生物视觉机制来调整和实现成像系统功能的仿生技术。从“鹰眼”运动轨迹测量与回放系统到在摄影和投影领域应用广泛的鱼眼镜头，都呈现了视觉仿生学特殊的优势和意义。国内外许多研究成果证实了视觉仿生技术具有广阔的潜在应用前景。美国、英国在民用和军事领域均有所应用（如采用蝇复眼视觉仿生技术的民用、军用设备）。就国内而言，主要研究偏向于昆虫、蛙、龙虾、鸟类等动物的视觉系统以及人眼的视觉系统，其目的是利用生物的特殊视觉机制，逐步调整和改善计算机视觉系统的功能。

4.5.1　仿螳螂虾视觉成像技术

甲壳纲动物是一类大多生活在水中的生物，为了适应错综复杂的水中环境，其眼睛结构也会随之发生变化。螳螂虾（俗称皮皮虾）便是其中一种，并且它是当前世界上眼睛结构最为复杂的生物，如图 4-13 所示，针对不同颜色光的波长，其视觉系统的感光范围约为 300 ~ 720nm，可以自动调节看见不同偏振度的光线，以此进行分析判别可见光、紫外线、线偏振光以及圆偏振光。螳螂虾的眼睛是并列型复眼，分为腹部外围区域、背部外围区域和横穿二者之间的中间带状区 3 个部分。中间带状区包括 6 排水平方向特化的小眼，各个小眼均有其独特的功能，能够感知 16 种不同波段和类型的光线，包括紫外线、圆偏振光和线偏振光等。前 4 排通常处理各种颜色，第 5 排用来探测线偏振光，最后一排用于探测圆偏振光。小眼作为复眼里的感光单元，从外往内依次是角膜、晶锥体和视杆束——8 个小网膜细胞组成的一列结构，最外侧的 R8 感受器集结了大部分感光的能力，尤其对紫外线极为敏感。这种由 6 排小眼组成的独特复眼结构，在感知色彩时 12 种感光细胞独立运作，平行处理各波段的光线，同时还能感知不同类型的偏振光，在感知及利用偏振信息方面具有独特的优势。螳螂虾的视觉系统为设计出

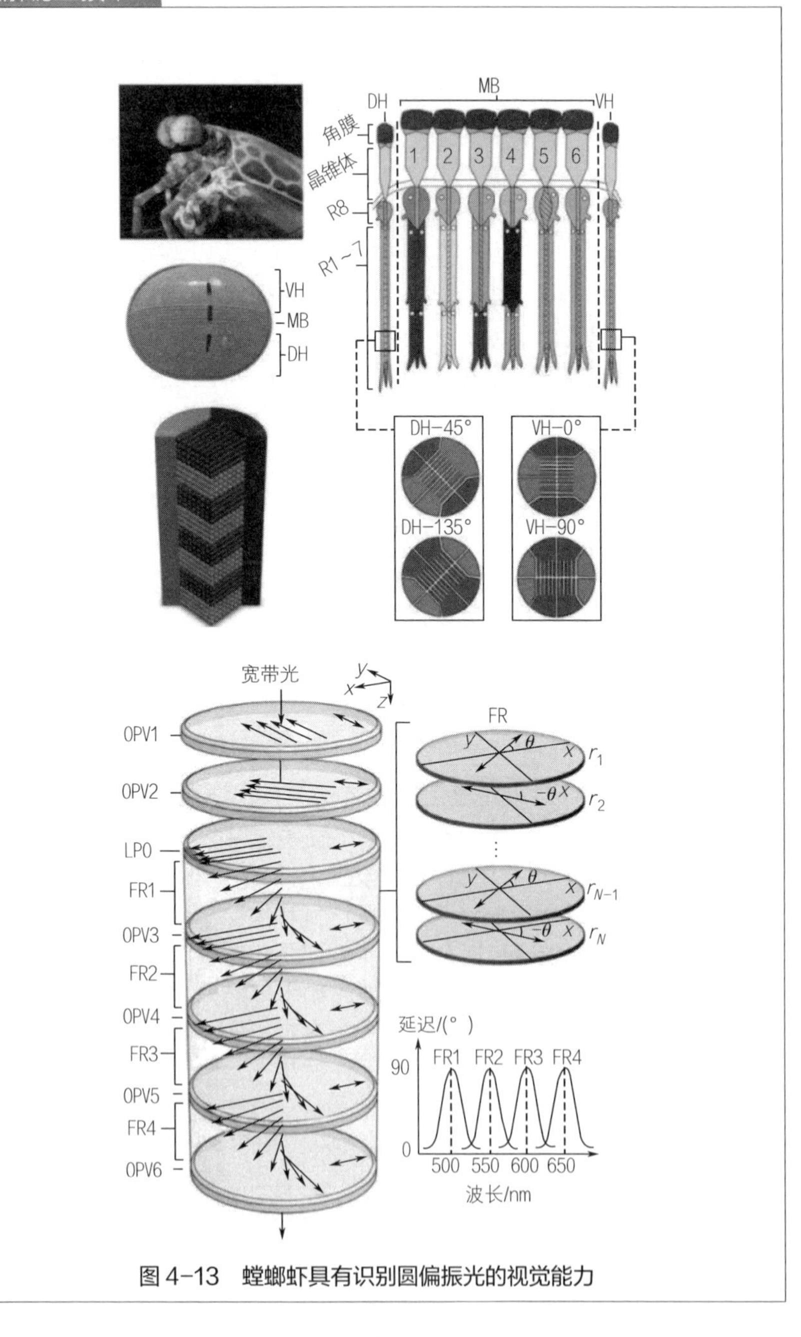

图 4-13　螳螂虾具有识别圆偏振光的视觉能力

更好的成像器件提供了重要参考。

1988 年，昆士兰大学的 N. J. Marshall 教授等推翻了大多数人认为的动物光谱敏感性只有 2 ~ 3 种，通过螳螂虾证实了其具有多种光谱敏感性。2001 年，N.J. Marshall 教授等发现螳螂虾 R8 细胞的光感受器，共有 4 种紫外光谱敏感细胞，3 种在中间带状区域，一种在外围区。2001 年， T.W.Cronin 教授等研究了生活在不同海水环境中的螳螂虾的视觉光谱特性。研究发现，螳螂虾是通过调节视觉滤光片来适应不同光照条件下的环境，其视觉是一种可调谐的、随环境变化的视觉系统。2009 年，英国布里斯托尔大学 N.W. Roberts 教授等研究了螳螂虾视觉中间带状区域第 5 排和第 6 排的 R8 细胞，用偏振显微镜测量了 R8 视杆细胞在两个互相垂直方向上的位相延迟。对这种精致设计的内部结构的深入了解有助于提高人造波片的性能。2013 年，河海大学王慧斌教授等从螳螂虾信息处理机制得到启发，将其应用于水下光学成像，构造了反馈神经网络模型。

4.5.2　仿鹰眼探测技术

鹰拥有一套先进的视觉系统，它可以在几千米的高空中找到并捕捉到目标。目前对仿鹰眼的研究多集中在结构仿生和功能仿生上。1996 年，美国国防部高级研究计划局（DARPA）与许多学院共同参加了两个类似于鹰眼影像监视计划的 VSAM 和 VACE 计划。VACE 计划可以实现对目标的运动轨迹进行预测，并对其威胁程度进行判断，VSAM 计划则可以实现对目标的精确可视化。英国苏里大学 Kalal 教授等研制了一种能够实时监测和长时间跟踪的 Predator。以色列费曼教授介绍了一种基于变焦的主动跟踪方法，该方法能有效地应对因目标和传感器相对位置的变化而造成的目标尺寸和信息的变化。这个方法能让视野变得很清楚。英国 Tordoff 和 Murray 教授开发出一种变焦控制的操作方式，能够在天空中模仿鹰眼，精确地追踪目标。日本东京工学院也在研究鹰眼的生理构造，研制了一套广域追踪系统。

针对目标分辨率低、信息利用率低、低分辨率摄像机无法独立采集监控场景的问题，西安理工大学石光明等通过可变焦阵列摄像机协同获取不同分辨率多目标视频的思路，实现在大的场景尺度下，低代价获取多目标的高分辨率视频和高质量场景视频的功能，利用场景中目标的个数、位置和尺度信息，计算摄像机工作参数，控制摄像机协同工作，获取场景视频和不同分辨率的目标视频，再利用图像融合技术实现高分辨率的大视场监控功能。南京大学袁杰教授等人，针对当前多摄像头不能从大视野中获取更多的信息，提出了一种简单的多台摄像机联合追踪的方法，从而实现多台摄像机的协同工作，有利于对各个摄像机中的运动目标实施跟踪，实现全景监控功能。

4.5.3 仿鱼眼凝视红外成像技术

近水鱼在仰望天空时，能够感受到水面上方半球空间的危险，这是由于它的晶体眼和周围水域的结合。从光学结构上看，鱼眼凸起的正面和四周的水体形成了一种“水透镜”，它的表面弯曲程度大于水平（0的曲率），因此“水透镜”是一种具有较大的负焦距（绝对值）的平凹透镜。鲁沙物镜在可见光谱区可达到 120° 的视场，但其相对孔径只有 1/8。为了模拟“水透镜”和鱼眼的光学系统，采用光学材料来设计透镜，其视野范围大于 180°，相对孔径为 1/10 ～ 1/2.8，如图 4-14 所示。

图 4-14　C6P 鱼眼摄像机

当前，大多数红外设备的注视角度都在 40° 以下，40° 以上仅为 3%。人眼视觉可以增强物体的轮廓，也就是放大物体轮廓和背景亮度的差别，从而提高物体的清晰度。这一特点使其能够在复杂的环境下，对目标进行实时、精确的提取、分类、跟踪、等级排序以及多目标的处理。人眼光学系统的层次化结构也给我们一个启示，当薄层介质具有较低的折射率时，它可以很好地解决“全反射溢出”问题。实验结果表明，模拟生物视觉的红外成像装置可以突破体积大、质量大、视角窄、功耗大等限制，真正实现“全向”“实时”“动态”的信息采集，为光电探测开辟了一条新的道路。

4.5.4　仿人眼视网膜传感技术

在人类生活环境中，从烈日当空的正午到伸手不见五指的漆黑夜晚，自然光的强度分布非常广。如何在不同光照条件下准确提取外部环境的信息，是一个基础科学问题，具有非常实用的意义。随着机器视觉的发展及其在自动驾驶和实时视频分析等领域的应用，高分辨率、高图像捕获速度成为视觉传感器的必备能力，具体体现为良好的稳定性及宽感知范围，即在不同光照强度下感知目标的能力。对于正确感知环境来说，在不同光照下准确捕获图像尤为重要。这就要求光电器件在弱光及亮光照明下，必须准确捕捉和感知细节。为了制作高分辨率的人造视网膜，范智勇团队在一种类似于人类视网膜的半圆形氧化铝上，采用了一种由钙钛矿型光敏型感应器组成的新型感应器。同时，他们还利用液体金属的传输线路，从人造视网膜中传输光学信号，如图 4-15 所示。因为纳米感应器是直接与表面结合的，所以可以使其相互之间更接近。由于这一点，人造视网膜上的感光元件的密度达到了 4.6×10^8 个 /cm^2，远远超过了人类视网膜上的感光细胞（大约 10^7 个 /cm^2），并且在一定程度上与人的眼睛相似或者更强。

人眼的光接收细胞感知范围比较有限，只有 40dB，但是人眼的视觉适应功能让我们可以感知和识别不同光照条件下的各种物体，哪怕是从较暗环境转换到较亮环境中。香港理工大学柴扬教授课题组研发出一种基于底栅光电晶体管阵列的仿生视觉适应传感器。该器件模拟了水平细胞和光接收细胞的结构，具有视觉亮和暗适应的功能，有效感知范围达到

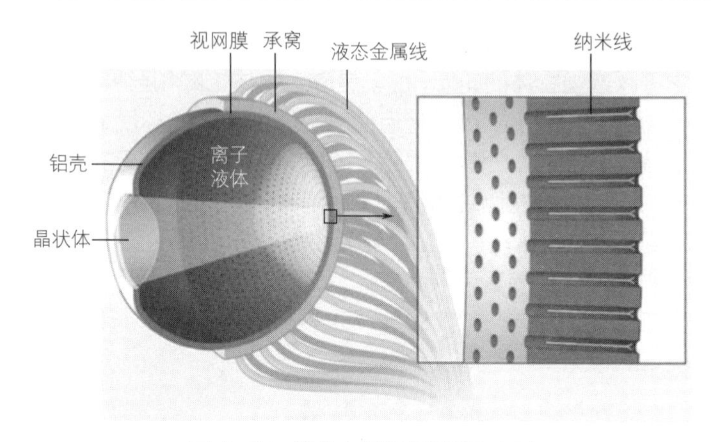

图 4-15　模仿人眼的视网膜示意图

199dB。利用这款传感器，可在不借助大体积光学组件，以及复杂外围电路和后端信号处理的条件下，实现视觉适应功能和宽感知范围。2018 年，该团队发表了第一篇关于将光传感器与逻辑信息处理集成的论文。随后，2019 年该课题组设计并利用光控阻变随机存储器实现了图像感知和图像预处理的功能。在 2020 年，他们又率先提出近传感器和传感器内计算的方法。人眼视网膜可以感知外界光信号，并根据光照强度自动调节光接收细胞的灵敏度，从而适应不同的背景光强度，这便是视网膜的视觉适应功能。受到视网膜结构和功能的启发，他们开始通过施加不同的栅极电压来控制器件视觉亮适应和暗适应程度，从而模拟视网膜中光接收细胞和水平细胞的结构和功能，最终制备出仿生视觉适应传感器。

4.5.5　仿昆虫复眼成像技术

通常，昆虫有一对复眼，它们和大脑的视觉中心有密切的联系（图 4-16）。从光学角度来看，每只眼睛都是一个小型的透镜，而复眼就是有规律的多个透镜。按复眼的结构，可以将复眼分为并列型复眼、折射重叠复眼、反射重叠复眼、神经重叠复眼四种。当前，人们主要关注的是并列型复眼和重叠型复眼光学系统。仿生复眼光学系统在激光雷达、成像制导、微型飞行器、智能机器人等领域有着不可低估的发展潜力。长春理工大学研制了一套双眼并列型复眼成像系统，该系统采用 2×2

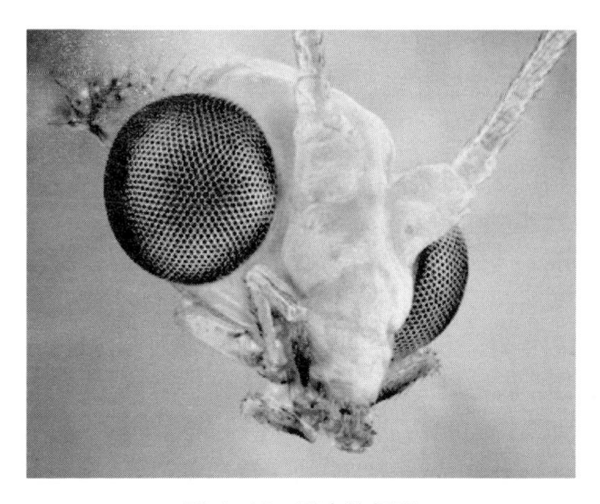

图 4-16　昆虫的复眼

透镜阵，模拟了多只眼睛的大视场特征，实现了视场的拼接。该系统参数包括：905nm 波长、0.6° 视场角、40mm 通光孔、47.27 mm 小眼系统聚焦、250 μm 最大聚焦接收后的光点半径，选择 K9 玻璃作为透镜材料。整体的昆虫复眼成像系统成功模拟了昆虫并列型复眼的成像系统，且成像质量完好。

4.6　听觉仿生探测技术

声音是人机交互最自然的一种方式，它是人们用来沟通和认识世界的重要手段。近年来，声音识别的智能化研究已经有了长足的发展，极大地改善了人们的工作效率、社会服务质量以及人们的生活质量。目标声音识别技术是一种鉴别真伪、防仿冒的有效手段，它被广泛地用于军事和民用领域。为了更好地实现对目标语音的准确识别，国内外许多学者都对仿生技术进行了深入的研究。

4.6.1　人耳对声音的感知过程

人的耳朵就像是一个语音辨识系统，它的中耳与语音识别系统的声音获取部件相对应。外耳包括耳郭、外耳道和鼓膜，它们的主要功能是收集和放大声音；中耳为外耳与内耳间的腔隙，其主要功能是将声波与声压进行转化；内耳包括耳蜗和前庭器官。其中，耳蜗是内耳的听觉器官，它的基底膜就像一个带通滤波器，不同频率的声音会刺激耳蜗的感受器，从而刺激基底膜上的听觉神经元（内毛细胞）的释放速度，这个过程会把耳蜗的振动信号转化成神经信号，传递给听觉神经纤维，从而达到感知和分析声音的功能。神经电信号以尖峰的方式传输至星形细胞群进行信道信息的提取，然后由重叠的细胞进行信道间的信息提取。该程序与语音识别系统中的信号处理部件相对应。最后，通过听觉神经中心对整个听觉信号进行处理，再将其传输至大脑，完成语音特征的提取与分类。这一过程与语音识别系统中的特征提取、语音识别相对应。很明显，人类的听觉系统在听音识别上有着得天独厚的优势，既可以对声音的方向、种类、内容进行精确提取，同时还可以增强抗噪声干扰的能力。

4.6.2　仿人耳听觉感知模型

王仁华教授根据已有的生理试验资料，结合听觉理论，建立了一个基于外周听觉系统的计算模型。该模型主要包括临界带通滤波器、两级自动增益控制电路、双曲变换和侧向抑制网络，用于模拟人耳的耳蜗基底膜、毛细胞、听神经纤维等部分的功能。最后，利用计算机对模型进行了仿真，利用自然语音输入，从耳朵的位置原理和时间原理出发，对其输出进行了初步的分析，结果显示，这种方法所产生的同步分布方式与生理试验及听力理论有很好的一致性。林宝成教授、黄志同教授等人分别从声音模式出发，提出了一种新的小波转换算法，所选择的子波形是由外耳、中耳滤波器和耳蜗模型三部分构成的听觉前庭窗模型。它在语音分析、编码、合成和检测等方面具有很好的应用价值。

4.6.3　目标声音识别分类器

人工神经网络法是目前应用最为广泛的一种声音识别算法。吴岳松教授等利用神经网络的非线性、高容错性能和高效的数据压缩性能，提出了一种基于神经网络的分类器的设计方案。实验结果表明，这种分类器具有可分性好、准确率高等优点。李思纯教授等从水声环境的复杂性和水声目标的复杂非线性特征出发，提出了一种基于神经网络的自适应性辨识方法，最后，将改进后的神经网络用于目标语音识别。实验证明，该方法能够有效地提高分类精度，具有一定的实用价值。吴占稳教授等在对起重机现场各种声音波形进行小波分析特征提取方法的基础上，提出采用改进的人工神经网络算法来构建声音识别分类器。通过实验表明，该算法构建的分类器识别率较高，能够对起重机现场的声音发生信号进行有效识别。

4.7　力觉、触觉处理技术

力触觉是指人与周围环境相互作用时的力觉感知和触觉感知。触觉着重于人体对粗糙度、质地、形状等的感知；而力觉针对人体肌肉、关节、肌腱的力场，着重于人体的整体感觉，特别是手指、手腕、手臂的感觉。例如：用手拿起一个物体时，通过触觉能感受到物体是粗糙的或坚硬的等，通过力觉能感受到物体的重量。

4.7.1　力触觉的物性信息识别

识别对象材质时，首先要检查对象的硬度、表面状态、温度特性等，再将这些信息加以综合得到知觉图像，然后在与先前经验的记忆图像比照的基础上做出判断。这个过程可以被大致地划分为两部分：① 行动生成部分，制定理解对象的探索战略，产生手指的探索运动；② 感觉信息处理部分，根据从手指感受器得到的信息形成知觉图像，然后与记忆图像进行对照。

行动生成部分包括：① 决定探索行动的战略，如按压或抚摸；② 探索动作的控制和运动算法的生成，如手指的动作或力的施加方式等；③ 对涉及探索动作的各种肌肉活动实施控制，对手指实施探索运动，如接触运动。由于手指运动会引起皮肤与对象之间力学上的相互干涉，因而在感觉信息处理部分应包括：① 皮肤感觉感受器得到的信息（如温度变化、振动、变形、力的方向等）；② 来自手指运动牵动的肌肉和关节的运动感觉信息；③ 整合手指运动控制系统反馈的三个部分；④ 与离心性复制信息综合形成知觉图像；⑤ 将知觉图像与先前经验记忆图像对照，完成材质判别，对照一致，材质被判别，反之将重复上述探索过程。也就是说，需要经过探索战略的决定→行动→验证→战略变更这样的循环过程实施对对象材质的识别，如图 4-17 所示。

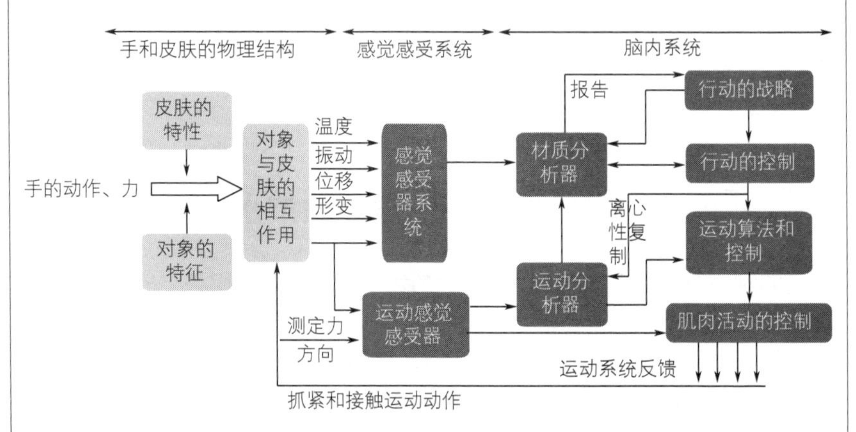

图 4-17　力触觉的物性信息识别

4.7.2　力触觉再现装置

土耳其科克大学的 Arasa 教授等研制的一种新型触觉反馈笔，能够同时为操作者提供沿着笔杆方向的作用力和轴向旋转力的反馈，装置中有两个振动电机，分别位于触觉笔的笔头和笔尾，沿笔杆方向利用幻影效应表征物体表面微小的高度变化，轴向方向用直流电机产生的旋转力表征人手在接触物体时产生的扭矩。东南大学研制出一种面向移动终端的力触觉再现与交互的笔式装置，装置中的执行机构为压电陶瓷、线性电机以及磁流变液阻尼器，能够实现触摸屏上的纹理、形状、柔软性等多模式力触觉反馈。

迪士尼研究院 Poupyrev 等开发了一款针对手机终端的 Tesla Touch，它使用电振动的原理，无需使用任何机械驱动，而是通过对触点与手指间的静电力进行控制，从而实现图像纹理、摩擦力等信息的表达。Altinsoy 教授等开发了一种新型的电子触控屏幕，它可以将力触觉信息通过一个电极传输到用户的手指上。吉林大学研制了静电力触觉再现移动终端的工作原理样机，并开发了用于移动终端的静态图像、动态视频、触摸操作等静态触觉再现技术。这种装置可以让使用者的手指直接触碰到触摸屏，从而刺激到手指的末端神经。

4.7.3　力反馈数据手套

虚拟技术公司开发研制了 Cyber Grasp 力反馈数据手套。它主要由外骨骼机构和数据手套两个部件组成。该手套的驱动部分由传输机构和直流电机组成，可以对每个手指产生最大为 12N 的输出力。另外，手套上的感应器可以测量手指的弯曲角度，每个执行器都可独立地操控，其工作范围涵盖了人体的所有动作，不会影响到双手的动作，但其质量很大。Khurshid 教授等研制出一种可穿戴装置，它可以为操作员提供力觉握力反馈，以及独立可控的指尖接触、压力和振动触觉刺激。这款装置安装在使用者的拇指和食指上，它由一个旋转关节组成，其轴线与食指的掌指关节以及两个刚性连杆连接对齐。第一个环节固定在拇指的近节指骨周围，它包含一个可锁定的滑动连杆，能够轻松调整掌指关节与拇指侧面之间的距离。第二个环节固定在食指上。该装置通过直流电机驱动旋转关节，从而向手部提供运动学反馈，设备中的音圈致动器用于为人手指尖提供振动触觉刺激。

东京工业大学的 Aoki 教授等人发明了一种简易、便于携带的力反馈指环，它将一根细线置于手指的指尖，类似于指环。指环是利用电机驱动手指上的绳索来提供给人力的感受，当移动终端出现软体变形时，它可以产生一个力反馈。继 2014 年 Dexta Robotics（岱仕科技）首次公开其力反馈手套的设计雏形后，该公司正式发售力反馈手套 Dexmo 企业版，如图 4-18 所示。作为一款 VR/MR 行业的交互类产品，Dexmo 企业版简单配置后，即可完成手部模型位置和姿态的显示；同时，SDK 中预设了按钮、旋钮、拉杆等独立的交互模块，开发者只需简单地拖拽预设体、添加脚本和设置脚本参数即可完成开发；在此基础上，根据其开发文档接口，开发者可以轻易地定义交互过程中触碰、抓取、材质变化引起的反馈；此外，SDK 中提供了多个功能示例场景，帮助开发者结合开发文档快速使用上述功能。

图 4-18　力反馈手套 Dexmo 企业版

4.7.4　仿生皮肤

目前，国内外关于仿生皮肤模型的研究主要集中在模拟人体皮肤的触力感知功能、皮肤紧密接触类物质特性测试用皮肤以及模拟出汗的单层皮肤等方面。现有的仿生皮肤主要分为两大类：一类是模拟人体皮肤触力感知功能的仿生皮肤模型，不具有出汗功能，主要用于智能机器人的研究与应用方面；另一类是织物热湿传递性能研究中用到的模拟皮肤，具有出汗功能，目前以高保湿棉织物皮肤及微孔膜复合层皮肤最为典型。在智能机器人应用领域，Bruck 教授等创造出了一种可以感知接触力的高度柔顺人造皮肤。机器人通过人造皮肤触摸物体，感知接触力，从而进行训练与环境交互。Sahan 教授等阐明了一种人工机械皮肤模型的发展，运用该模型研究微针与皮肤之间的机械相互作用，从而实现最佳的药物传递和生物感应。

4.8　仿人机器人

仿人机器人与一般的工业机器人不同，它的移动控制系统更加灵活，可以轻易地进入人类无法触及的区域，完成一些人类无法完成或者是预先设定好的任务。仿人机器人经过近几十年的发展，从只能站立到蹒跚前行，再到具备一定的自主学习路径规划的功能，能够完成跑步、跳跃、翻越等动作，并且能够模仿越来越多的人类日常行为。研究表明，仿人机器人与轮式、履带式机器人相比拥有许多突出的优点。它的特点主要表现在：

① 仿人机器人适用于多种地形，且具有较强的越障能力，可轻松地上下台阶，通过不平整、不规则或狭窄的道路，其运动“盲区”极少；

② 仿人机器人具有独立的能源设备，其能量消耗问题在设计中必须充分考虑；

③ 仿人机器人具有更大的活动空间和设计更紧凑的机械臂；

④ 两脚行走是生物领域中最困难的一种步行动作，它的发展极大地推动了机械人和其他相关学科的发展；

⑤ 与一般机械手相比，仿人机器人的非线性较大，其运动和动力的相关耦合更为复杂。

从 20 世纪 60 年代末起，许多国家都在进行仿人机器人的研制。日本、美国、韩国对这方面的研究最深。美国通用电气公司于 1968 年开发出一种双足步行机器人 Rig，揭开了研发仿人机器人的序幕。在早稻田大学加藤一郎教授领导下，日本成立了一个由高校和公司组成的联合研究机构，于 1973 年研制出了 WABOT-1，它是世界上第一台具有真正意义的仿人机器人，但仅能实现步态行走和与人简单交流的功能。日本本田公司于 2000 年开发了 ASIMO，这是世界上首款拥有仿人类两条腿走路的功能，拥有超过 30 个自由度的机器人，它不但可以完成影像辨识、路径规划，还能与人类进行各种面部表情的沟通。2009 年，波士顿电力公司开发出一种可以自由移动的 Petman 机器人，它是军用设备。

美国加利福尼亚大学伯克利分校于 2015 年研发出一种具有很强的自主学习能力的 Darwin 机器人，它可以通过自主学习和自我调节来实现稳定的动态行走。2019 年，NASA 计划开发下一代仿人机器人，这距之前开发的全尺寸仿人机器人 Valkyrie（图 4-19）已经过去了近 6 年时间，计划使下一代仿人机器人适应严苛的太空环境，在火星表面完成各项工作。2021 年 12 月，英国 Engineered Arts 在 YouTube 发布了一段视频，展示了其开发的人形机器人 Ameca，该机器人外形与电影《机器公敌》中的机器人颇为相似，动作和面部表情十分逼真。Engineered Arts 称， Ameca 学会“走路”还需要很长时间。

图 4-19　仿人机器人 Valkyrie

中国在仿人机器人方面的研究起步比较晚，在 2001 年 12 月，国防科学技术大学完成了首个仿人机器人的研发工作。哈尔滨理工大学的 HIT 机器人，也是二代机器人，比起第一代机器人只能进行简单的行走，现在的 HIT 机器人可以自主学习，可以规划路线，可以躲避障碍物。第三、四代的开发也在进行当中，第四代在开发的早期，就设置了超过 30 个自由度，可以达到动态平衡，躲避障碍。2000 年，国防科学技术大学研制成功的先锋机器人，具备了行走、与人类交流的功能，能够识别图像，规划路径，实现平衡运动。北京科技大学自主开发研制的“慧童”系列机器人，目前已发展至第五代，具备高度仿人特征。其中，第四代的外形模仿的是实验室的教师，外形酷似人类；而第五代则可以和人进行 200 轮乒乓球比赛。2015 年，优必选公司发布了 Alpha2，这是首款采用安卓操作系统的仿人机器人，具有图像处理、动态平衡、实现多种应用程序等多种功能。2016 年，中国香港的 Hanson 开发了人形机器人 Sophia，她会眨眼睛、往两侧看，甚至是说段子，如图 4-20 所示。

图 4-20　人形机器人 Sophia

此外，仿人机器人上还配备了许多传感器，包括力矩传感器、陀螺仪、视觉传感器、接近觉传感器、听觉传感器、触觉传感器等。机器人的自我识别主要是通过大量的传感器对自身及周围环境信息进行采集，并将其进行简单的处理，然后由机器人进行分析、计算、比较，最终得出相应的结论。在一定意义上，机器人的操控技术可以说是在仿生视觉、仿生听觉、力触觉处理、多信息获取和融合等基础上发展起来的。人类经过了数万年进化成步行生物，再经过一个漫长的精进过程成为万物之主，相信仿人机器人也会赢得一个光明的未来。

第5章

仿生技术的发展与应用

药物高效利用、海水淡化、超自洁表面、仿生机器人、智能传感器、个人健康卫士、智能假肢……

仿生技术的未来就是人类的未来。

5.1　药物递送领域

天然生物高分子材料作为人类最早使用的医用材料，可追溯至公元前，古埃及人通过棉纤维和马鬃对伤口进行缝合，印第安人用木片来修补颅骨。到了 20 世纪 50 年代中期，合成高分子材料的快速发展，逐步取代了天然生物高分子材料的首要地位。尽管如此，天然生物高分子材料仍具有许多不可替代的优势，例如可再生、来源广泛、可生物降解、无毒、与生命体有着较好的相容性等。面对石化资源日益枯竭、环境污染问题日趋严重、科技迅猛发展的今天，对绿色环保的天然生物高分子材料的开发和利用面临着新的发展机遇和挑战。

药物载体材料的正确选择关系到药物递送系统的顺利合成，近年来，选用可再生、廉价、生物相容性优异、可生物降解的天然生物高分子聚合物作为药物载体材料引起了国内外学者的广泛关注和研究。这些天然生物高分子聚合物可以通过仿生技术被加工成气凝胶、微粒、水凝胶和薄膜等后再应用于药物递送领域。目前，利用仿生技术并应用于生物医用领域的天然生物高分子材料主要包括蛋白质（胶原蛋白、明胶、丝素蛋白等）和多糖（纤维素、甲壳素、壳聚糖、海藻酸盐等）两大类，如图 5-1 所示。

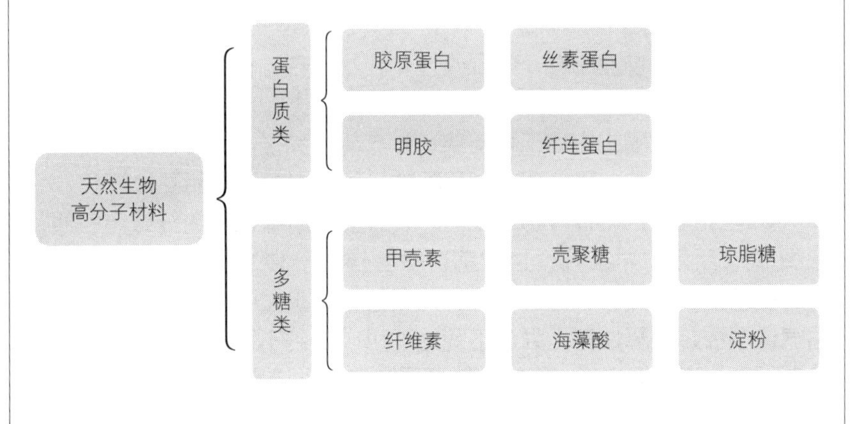

图 5-1　生物医用领域的天然生物高分子材料

5.1.1 蛋白质类原料

① 胶原蛋白（Collagen）：胶原蛋白单体是长圆柱状蛋白质，长度约为 280nm，直径为 1.4 ~ 1.5nm，它是由三条肽链缠绕而成的螺旋形纤维状蛋白质，按发现顺序分为 I 型胶原蛋白（最常见）、II 型胶原蛋白、IM 型胶原蛋白等。胶原蛋白是动物体内一种含量最多、分布最广的蛋白质。在哺乳动物体中，胶原蛋白主要存在于动物体的骨、肌腱、血管和皮肤等部位，含量可占蛋白质总量的 25% ~ 30%。胶原蛋白纤维作为细胞外基质的重要组成部分，保证细胞外基质的三维空间结构和生物性能。胶原蛋白是目前生物医学研究中应用最广的一类天然高分子材料。由于其在临床上有一定的止血和愈合作用，所以常被用来制作人造皮肤。此外，由于其生物相容性好、骨介入活性高、免疫原性低等优点，在骨修复工程、药物载体制备、人造血管、人造瓣膜等方面得到了广泛应用。

② 明胶（Gelatin）：胶原蛋白水解产物，也是一种肽分子聚合物，相对分子质量约 50000 ~ 100000，相对密度为 1.3 ~ 1.4，不溶于水，可吸收 5 ~ 10 倍自身质量的水而膨胀、软化；加热后明胶会溶解成胶体，但不可时间过长，待冷却至 35 ~ 40℃重新形成凝胶。由于明胶是一种变性的蛋白质，在水解过程中减少了潜在的病原体，因而其具有弱免疫原性，可以用来制备药物载体、海绵和支架材料等。明胶的改性可通过三种途径，即纯物理改性、共混改性和化学改性。例如：纤维素衍生物加入照相明胶涂层中可以提高显影后银的遮盖力，明胶与甲壳素的混合物可制成创伤敷膜或生物工程支架，参与明胶共混的天然高分子化合物还有卡拉胶、果胶、甲壳素、海藻酸钠、丝素蛋白、透明质酸等。

③ 丝素蛋白（Silk Fibroin）：来自蚕丝和蜘蛛丝的纤维蛋白质，如图 5-2 所示。早在几个世纪前，蚕丝作为一种生物材料已经被人们广泛使用。丝素蛋白本身具有良好的柔韧性、抗拉强度、生物相容性、透气透湿性、缓释性等，经过不同处理可以得到不同的形态，如纤维、溶液、粉、膜、凝胶等。另外，丝素蛋白溶液经过再生，可以与纤维素、聚氨酯、聚乙烯氧化物、聚乙烯基吡咯烷酮、海藻酸钠、明胶、聚丙烯酰胺等共混改性；或与甲基丙烯腈、酸酐、2- 羟基 -4- 丙烯酰氧二苯

酮等接枝改性；或与环氧氯丙烷、聚乙二醇、二缩水甘油基乙醚等交联，制成各种形态的材料用于生物医用领域，如水凝胶、膜、海绵和支架材料。此外，丝素蛋白分子中含有大量的氨基酸，通过对其进行化学修饰，能更好地附着于物质表面。

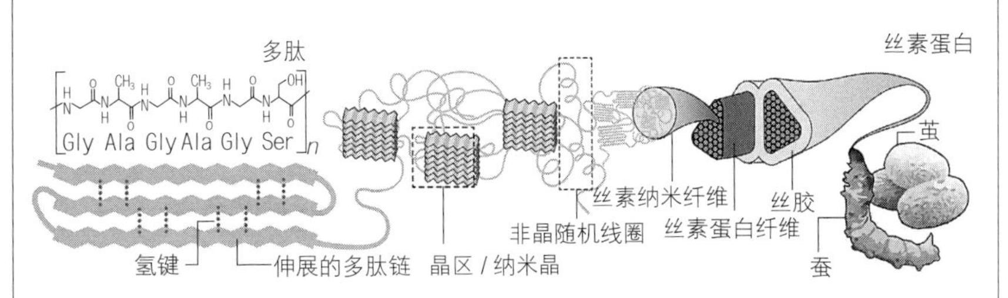

图 5-2　丝素蛋白的结构组成示意图

④ 纤连蛋白（Fiberonectin）：由两个亚基通过 C 末端的二硫键交联形成，每个亚基的分子量为 220 ~ 250 kDa，整个分子呈 V 形。纤连蛋白是一种高分子糖蛋白，主要以三种形式存在：由肝细胞或内皮细胞生成的血浆纤连蛋白；由成纤维细胞、早期间充质细胞分泌合成的细胞纤连蛋白；胎盘、羊膜组织中的胎儿纤连蛋白。纤连蛋白广泛存在于动物组织和组织液中，具有迁移细胞、修复受损细胞、激活活力不足细胞及促进细胞增殖的生物学特性，经常用于细胞培养所在基体表面的修饰、伤口修复与愈合、癌症的诊断和治疗等。另外，纤连蛋白在美容护肤方面亦可发挥积极的作用，例如：再生修复表皮、真皮、纤维、神经、血管、色素等细胞，增强细胞活力；刺激细胞分泌超氧化物歧化酶、过氧化氢酶等抗氧化酶，清除体内过多的自由基，延缓衰老；激活细胞分泌胶原纤维、弹性蛋白、网状纤维等，减少皱纹形成。

5.1.2　多糖类原料

① 甲壳素（Chitin）：由 β -1,4 连接的 2- 乙酰氨基 -2- 脱氧 -D- 吡喃葡聚糖组成的线性多糖，能溶于 8% 氯化锂的二甲基乙酰胺或浓酸溶液，不溶于水、稀酸、碱、乙醇或其他有机溶剂。在工业上可制作布料、衣物、纸张和水处理剂等；在农业上可制作杀虫剂、植物抗病毒剂；在渔业上可制作养鱼饲料；在化妆品行业可制作美容剂、毛发保护剂、

保湿剂等。甲壳素源自虾、蟹等甲壳类动物的外壳与软体动物的器官，以及真菌类的细胞壁等，如图 5-3 所示，是世界上仅次于纤维素的第二大天然高分子材料，具有抗菌和创伤修复性能，还可以在自然界和生物体内降解。因此，甲壳素可以用于制备创伤敷料、隐形眼镜、人工皮肤、缝合线、人工透析膜和血管等，在生物医药领域应用前景广泛。

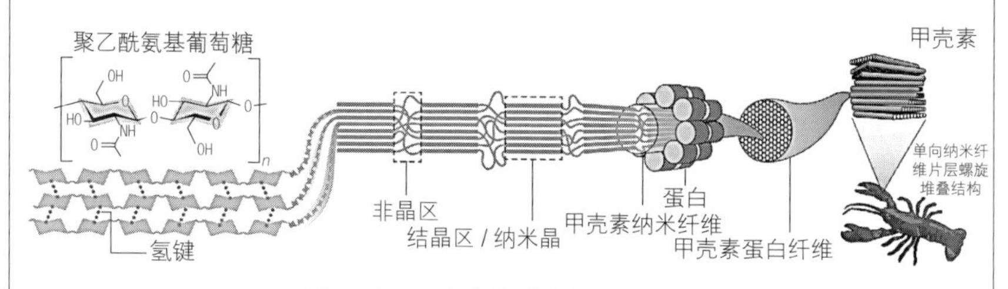

图 5-3　甲壳素的结构组成示意图

② 壳聚糖（Chitosan）：由甲壳素脱乙酰化得到的一种多糖，由 β-(1-4)- 连接的 2- 氨基 -2- 脱氧 -D- 葡萄糖和 2- 乙酰氨基 -2- 脱氧 -D- 葡萄糖单元组成，具有良好的生物相容性、血液相容性、零毒性、可生物降解性等诸多优良性能，特别适用于生物医学和药物制剂，已被广泛用作仿生细胞外基质和非病毒药物载体。壳聚糖主链上的游离氨基和羟基使其成为一种潜在的 pH 值响应聚合物，在酸性条件下，这些氨基可以被质子化并带正电荷，即成为水溶性阳离子聚电解质；在碱性条件下，这些氨基发生去质子化并失去电荷，变得不溶。因壳聚糖具有良好的阳离子特性，使得它可以与多种阴离子聚合物配合，从而有效地输送活性聚阴离子。因此，壳聚糖及其衍生物可作为制备药物载体和基因载体的理想原料。壳聚糖同时也是一种止血剂，会促进基体自发止血和凝血；其逐步降解释放出的 N- 乙酰 -D- 氨基葡萄糖，还可以促进创伤处成纤维细胞的生长，利于胶原蛋白的沉积，并刺激机体透明质酸的合成。此外，壳聚糖及其衍生物对大肠杆菌、金黄葡萄球菌等有较好的抑制效果，可作为抗菌敷料的原料。

③ 纤维素（Cellulose）：自然界中分布最广泛、资源最丰富的一种天然高分子材料，由 D- 葡萄糖以 β-1,4 糖苷键组成，一部分来源于植物的细胞壁，另一部分来源于微生物合成。作为一种富含许多羟基

的天然高分子材料，纤维素极易通过化学手段进行修饰，这使得纤维素具有巨大的改性潜力。同时纤维素及其衍生物还具有优异的生物相容性，并且其力学性能与生物组织形成了良好的匹配，利用这一特性可制备透析膜和生物反应器，并用于药物缓释系统及组织工程等科研领域。在再生纤维素水凝胶研究方面，已成功研制出能够用于组织连接的人体植入材料，并且长期保持性质和形态的稳定。人们常常提起的膳食纤维，即是从天然食物（魔芋、燕麦、荞麦、苹果、仙人掌、胡萝卜等）中提取的多种类型的高纯度纤维素，主要功能为预防糖尿病、冠心病、降压、抗癌、减肥、治疗便秘等。另外，植物纤维素还衍生出多聚合纤维素、木质素纤维、纤维素醚、甲基纤维素、羟丙基甲基纤维素、羟乙基纤维素、羧甲基纤维素等。

④ 海藻酸盐：一种天然的阴离子多糖，通过加入二价阳离子（交联剂）很容易形成凝胶。海藻酸盐凝胶具有高含水量、生物相容性好、低毒性、成本低等特点，被广泛用于组织工程和药物递送。海藻酸钠（Alginate）来源于藻类或菌类，是一类由 1,4- 聚 -β-D- 甘露糖醛酸（M 单元）和 α-L- 古罗糖醛酸（G 单元）组成的天然多糖。海藻酸钠具有许多特性，例如水溶液相对惰性、常温易溶于水或其他常见溶剂中、水凝胶具有较高孔隙率、大分子物质在其内部可快速扩散，使其广泛用于蛋白质、核酸和细胞的包埋和传递。此外，海藻酸钠具有优良的生物相容性，可以应用于外伤和口腔修复。

⑤ 琼脂糖（Agarose）：一种线性多糖，基本结构为 D- 半乳糖和 3,6- 脱水半乳糖通过 β-1,4 和 α-1,3 连接交替形成重复双糖单位，可从大型海洋藻类石花菜、紫菜、江蓠等提取分离制得。琼脂糖在水中加热到 90℃以上会溶解，待温度下降到 35 ~ 40℃形成半固体凝胶，其凝胶性由氢键所致，可通过破坏其氢键来破坏其凝胶性。琼脂糖具有亲水性，并且几乎不存在带电基团，同时极少引起敏感生物大分子变性和吸附，这使得其成为一种理想的惰性载体。琼脂糖具有优秀的生物相容性，特殊的胶凝性质，显著的稳固性、黏滞度和滞后性，良好的吸水性，特殊的稳定效应，因此在临床化验、生化分析和生物大分子分离等诸多领域得到了广泛关注与应用。纯制琼脂糖常在生物化学实验室中作为电泳、层析等技术中的半固体支持物，用于生物大分子或小分子物质的分离和分析。

5.1.3 纤维素气凝胶类

气凝胶具有较大的表面积、相互连接和开放的三维网络结构，以及较大的孔隙度，可作为药物载体构建药物缓释系统。将药物导入气凝胶主要可通过以下几种方式：① 将药物事先添加至凝胶形成前的反应混合物中，但其不利之处在于，该药物成分与用于形成凝胶的前驱体或试剂可能存在一定的反应；② 超临界 CO_2 的超临界沉积，这种方式不但可以除去孔隙中的溶剂，还可以作为一种有效的抗溶剂，在气溶胶的孔隙中沉淀。

纤维素良好的稳定性、可再生性、可降解性、改性潜力、拉伸强度，及其气凝胶本身具备的特性，使纤维素气凝胶作为药物载体吸引了更多关注。纤维素气凝胶可以归纳为纳米纤维素气凝胶、再生纤维素气凝胶和纤维素衍生物气凝胶三种，其优点如图 5-4 所示。目前，纤维素气凝胶已被用于生物医学领域封装药物（甲硝唑、纳多洛尔和酮洛芬）、聚合物（聚乙二醇、环糊精、多元醇、海藻酸盐）和生物材料（红细胞、DNA、血小板和脂质体）。将药物分子引入纤维素气凝胶的方法，如图 5-4 所示，研究表明：① 随着纤维素气凝胶孔隙率的增加，载药量会增加；② 纤维素气凝胶的结构、组成和润湿性决定药物在气凝胶基质中的分散性，以及药物在加载过程中吸附溶剂的能力；③ 纤维素

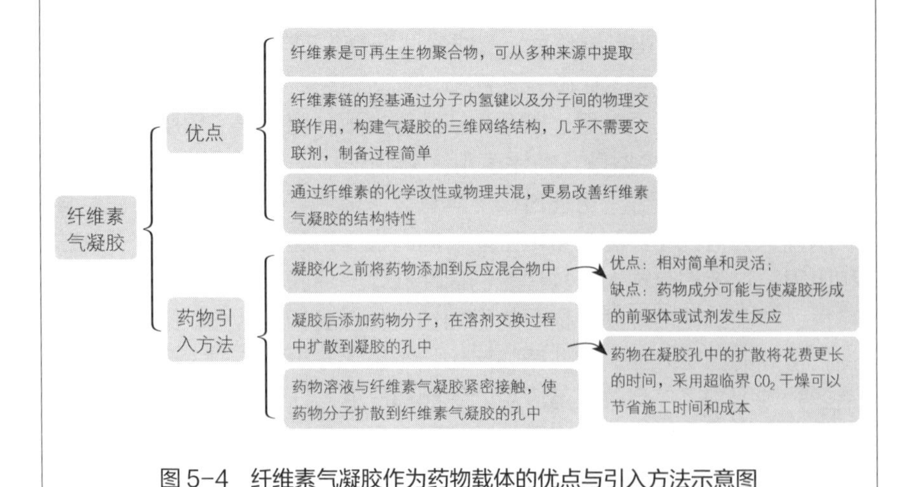

图 5-4 纤维素气凝胶作为药物载体的优点与引入方法示意图

气凝胶的表面积越大，药物的扩散越快，溶解度也就越高；④ 药物负载量与纤维素气凝胶中的活性位点量正相关；⑤ 与药物结合的过程中，形成的诸如氢键、范德瓦耳斯力和静电吸引之类的非共价键合力会促进药物装载；⑥ 纤维素气凝胶的载药特性取决于这些特性之和。

药物载体的比表面积是决定药物在体内溶解速率及吸收的主要因素之一，而预先装载有药物分子的气凝胶可通过较低的溶解性，使药物可长期递送。亲水性气凝胶孔隙内部产生的表面张力在水溶液中易于塌陷，进而使得药物释放速度加快；而疏水性气凝胶的孔结构在水中更稳定，因此载有药物的疏水性气凝胶的药物释放速率较慢。Valo 等研究发现，以红辣椒为原材料制成的纳米纤维素气凝胶药物释放较快；用细菌纤维素、木瓜种子和 TEMPO 氧化桦木为原料制备的气凝胶可实现药物的连续释放，其载药量为载体质量的 3.55% ~ 12%，释放时间仅为 150min 左右，持续释放时间较短。Haimer 等通过对细菌纤维素制备的气凝胶负载 D- 泛醇和 L- 抗坏血酸的研究发现，气凝胶释放曲线与气凝胶的厚度密切相关，而与载药量的相关性较小。Zhao 等将聚乙烯亚胺（PEI）接枝到纤维素纳米纤维表面制备了 CNFs-PEI 气凝胶，以水溶性水杨酸钠作为药物模型研究 CNFs-PEI 气凝胶的载药量和释放特性，改进了对靶区的精确定位和向指定区域的药物传输。

刘忠明等通过自由基聚合反应，以羟丙基甲基纤维素（HPMC）为原料，以 *N*- 异丙基丙烯酰胺（NIPAM）为单体，制备了半互穿网络 HPMC-NIPAM 温度响应型智能纤维素气凝胶。结果显示，NIPAM 单体的引入，有利于提高纤维素分子间的交联强度，提升气凝胶结构构筑效率，同时制备的 HPMC -NIPAM 温度响应型智能纤维素气凝胶具有高的孔隙率和低的密度的特点，同时表现出良好的热稳定性；随着 NIPAM 添加量的增加，HPMC-NIPAM 温度响应型智能纤维素气凝胶的密度增大，药物负载量从 152.7mg/g 增加到 157.5mg/g；在同样释放时间 300min 下，在 37℃时药物释放速度明显快于 25℃时，具有良好的温度响应性能；对其药物释放动力学的研究发现，HPMC-NIPAM 智能纤维素气凝胶的药物缓释行为与 Korsmeyer-Peppas 模型的 Fick 扩散释放规律一致。该课题组基于 HPMC-NIPAM 温度响应型智能纤维素气凝胶，利用电荷密度更高、带有羧基活性位点的羧甲基纤维素（CMC）为载体，在此基础上构建了具有温度和 pH 值响应的

CMC/PNIPAM 纤维素气凝胶。利用 Ca^{2+} 对 CMC/PNIPAM 纤维素气凝胶的内部结构及载药性能的影响，制得体积密度、表面电荷密度和压缩性能明显提高的高孔隙率 CMC/Ca^{2+}/PNIPAM 载药纤维素气凝胶。并可通过加入碳纳米管（CNT）和氧化石墨烯（GO），制得孔隙结构更致密、载药性能和缓释性能更好的 CNT 和 GO 杂化 CMC/Ca^{2+}/PNIPAM 纤维素气凝胶。研究表明，该气凝胶的载药量为 240.59mg/g，药物缓释时间为 480min，且具有突出的温度和 pH 值响应性能。

5.1.4 壳聚糖类

壳聚糖的主链上携带着游离氨基和羟基，在酸性条件下，这些氨基可以被质子化并带正电荷，使壳聚糖成为一种水溶性阳离子电解质；在碱性条件下，这些氨基发生去质子化，聚合物失去电荷，变得不溶。华中科技大学赵彦兵教授课题组、聂兰兰老师与武汉大学张玉峰教授课题组三方合作，利用一种绿色环保的新型电化学技术——辉光放电等离子体（GDEP）技术，将 GA 接枝到 CS 上制备了贻贝壳聚糖水凝胶，它具有较高的力学强度和长期的动态组织黏附性，可用作快速止血的伤口愈合敷料。通过 SD 大鼠全层皮肤缺损模型比较了 CS-GA 水凝胶和商业化明胶海绵的促进伤口愈合能力。结果表明，与临床使用的伤口敷料明胶海绵相比，生物黏合剂 CS-GA 水凝胶由于具有快速黏附、无需外部压力辅助伤口和抗菌等性能，更易于伤口修复，为多功能生物医用黏合剂的开发提供了更多的可能性。

近年来发展的纳米药物载体，如脂质体、胶束、纳米粒等大多只能通过被动靶向作用富集在肿瘤组织周围，且在全身系统循环中常常被网状内皮系统的巨噬细胞吞噬而清除。磁性纳米给药系统是一种利用磁性环境主动定向肿瘤组织的新型药物制剂，具有更高的肿瘤选择性。磁性纳米给药系统除了具有纳米载体本身对负载药物的缓控释放特性外，还具有超顺磁性特征，即在实体肿瘤组织附近加设磁场后，纳米药物载体获得磁性，可在肿瘤部位有效富集并缓慢释放药物，从而达到提高药物的靶向治疗作用，而在撤销磁场后，纳米药物载体磁性消失，不会永久磁化。浙江工业大学杨根生教授和吴丹君老师开发了一种基于壳聚糖纳米系统的超顺磁性纳米药物复合物，以实现伊立替康的磁靶向递送。通过将 ICG 加载到纳米药物复合物中，可实时监测纳米载体在体内的分布情况。在外加磁场的作用下，与没有磁靶向的纳米药物组及对照组相比，磁靶向组的纳米药物可在肿瘤部位更有效地聚集。

Sharif Ahmad 教授课题组通过席夫碱交联制备涉及 *N*，*O*- 羧甲基壳聚糖（*N*，*O*-CMCS）和多醛瓜尔胶 （MAGG）的可注射水凝胶。该水凝胶表现出 pH 值响应性溶胀行为和良好的力学性能，储能模量约为 1625 Pa。由于席夫碱键的可逆性质，水凝胶显示出优异的自修复和触变性。阿霉素（Dox）是一种抗癌剂，被加载到这些水凝胶上，并在 pH=7.4（生理）和 pH=5.5（肿瘤）环境下进行释放研究， 5 天后观察到，在 pH=5.5 环境下从水凝胶中持续释放约 67.06% Dox，在 pH=7.4 下持续释放约 32.13%。对人胚胎肾细胞系（HEK-293）的 3-（4,5- 二甲基噻唑 -2- 甲基）-2,5- 二苯基溴化四唑测定和溶血测定，证明了水凝胶的生物相容性。载有 Dox 的水凝胶对乳腺癌细胞（MCF-7）表现出显著的杀伤力，细胞毒性约为 72.13%。显然，该 *N*，*O*-CMCS/MAGG 水凝胶作为一种生物材料，可以在抗癌药物递送中找到有希望的应用。Işıklan 等以 5- 氟尿嘧啶（5-FU）为模型药物，开发了具有温度、pH 值双响应性的壳聚糖包覆果胶接枝聚 *N*，*N*- 二乙基丙烯酰胺（Pec-g-PDEAAM/CS）微载体。通过对改变接枝率、药物 / 共聚物的比例、壳聚糖和交联剂的浓度等参数对材料溶胀度和 5-FU 释放度的影响的探究表明，接枝果胶与聚 *N*，*N*- 二乙基丙烯酰胺可以保证 5-FU 的持续控制和热 /pH 值响应释放，所制备的微载体可以作为潜在的药物递送载体。

5.1.5　海藻酸盐类

通过向海藻酸盐中加入二价阳离子极易交联形成凝胶，该方法在形成可逆的离子交联海藻酸盐网络中得到了广泛的应用。海藻酸盐水凝胶是生物医药领域中的宠儿，其高含水量和软稠度，再加上其生物相容性、低毒性、高生物含量和相对低的成本，使它在组织工程或药物输送等领域得到广泛应用。海藻酸钠独特的凝胶特性赋予它在传递体系中独特的价值，在多价阳离子存在的情况下，Na^+ 会被阳离子置换并形成具有一定机械强度的海藻酸盐水凝胶。这种离子成胶方式十分温和，适用于热敏感性生物活性物质（如益生菌、微生物和蛋白质等）的负载。海藻酸钠与二价离子的亲和力呈递减顺序依次为：Pb^{2+} > Cu^{2+} > Cd^{2+} > Ba^{2+} > Sr^{2+} > Ca^{2+} > Co^{2+}、Ni^{2+}、Zn^{2+} > Mn^{2+}，而 Ca^{2+} 与其中一些阳离子（如 Pb^{2+}、Cu^{2+} 和 Cd^{2+}）相比具有无毒、易得且廉价的特点，因此到目前为止 Ca^{2+} 是使用最广泛的交联离子。

海藻酸钠是一种生物相容性高、生物黏附性优异、可操作性好的天然聚合物，并且在经复配后还具备一定的控释能力，是 3D 打印工艺中常用的生物油墨。Kuo 等利用明胶 - 海藻酸盐混合凝胶作为 3D 打印的生物墨水制备模拟食品，其在扫描电镜中显示出了样品具有多孔结构，显示出其具有传递生物活性化合物如酶、维生素和益生菌的巨大潜力。Ilhan 等使用 3D 打印的技术成功地将植物提取物负载到海藻酸盐 - 聚乙二醇复合支架上，对综合样品孔隙率、抗菌实验以及细胞毒性等方面进行研究，结果表明该复合支架在组织工程和伤口敷料领域有着巨大的应用前景。侯冰娜等以动态亚胺键为基础，制备了一种具有自我修复能力的氧化海藻酸钠 - 羧甲基壳聚糖水凝胶（OSA-CMCS），并对其进行了研究。具体过程为通过氧化海藻酸钠的糖醛酸，合成了氧化海藻酸钠（OSA），再与羧甲基壳聚糖的席夫碱反应制备具有不同交联度的自修复 OSA-CMCS 水凝胶。结果显示，OSA-CMCS 水凝胶具有较高的孔隙率且孔隙之间互联互通，孔径大都分布在 20 ~ 100μm；在无外界刺激的室温下，OSA-CMCS 水凝胶可在 6h 内完成自我修复；结果表明氧化海藻酸钠与羧甲基壳聚糖配比同水凝胶的交联度呈明显的正相关，同溶胀呈负相关；OSA-CMCS 水凝胶具有可降解性，随着交联度的增大，降解速度减慢；OSA-CMCS 水凝胶对水溶性药物吉西他滨具有缓释作用，药物释放时间可达 4 天。

中国科学院合肥物质科学研究院吴正岩团队通过对凹凸棒土、海藻酸盐等天然材料进行一系列的物化、结构设计和功能性改性，成功地合成了一种新型的纳米水凝胶复合材料，并利用其作为载体，开发了一种新型的缓释杀虫剂。利用农药对于 pH 值的敏感性，实现通过 pH 值调节控制农药释放，使其释放与需求同步，从而提高利用率。同时，通过引入纳米水凝胶的方法，可以有效地减少农药的光降解，提高其持效期。青岛能源所李朝旭研究员的仿生智能材料研究组向海藻酸盐溶液中加入液体金属（LM）并进行超声处理，制备覆海藻酸盐微凝胶的 LM 微 / 纳米液滴。在超声波作用下，海藻酸通过羧基与 Ga^{3+} 配位促进粒径的降低，并螯合 Ga^{3+} 形成微凝胶，达到抑制 Ga^{3+} 释放的效果，使材料有更好的生物相容性。采用海藻酸盐微胶法制备 LM 分散剂，不但能提高胶体的稳定性，而且能显著提高其对弹性基材的亲和性，并可应用于电子油墨中。尽管，微 / 纳米液滴构成的电路在氧化层外壳作用下呈绝缘状态，但在施加外在压力下可恢复其导电性（4.8×10^5 S · m^{-1}）。该电路可以用于穿戴式微电路，电热驱动器，以及电子皮肤等领域。

5.1.6 复合纤维素类

复合纤维素类药物的释放给药主要分为外部给药和内部给药两类。内部给药的主要方式是口服给药，外部给药方式主要为局部和经皮给药。经皮给药（TDDS）是指使药物通过皮肤进入体内循环，从而达到治疗的目的。其主要优势在于：可避免在口服给药过程中，胃、肠、肝的代谢，且可实现低剂量的治疗效果，这样可以降低药物的不良反应，或者消除肠道的不良反应。Kolakovic 等通过过滤技术获得载药量在 20% ~ 40% 的纳米纤维素（CNF）薄膜基质系统，并研究了对于吲哚美辛、伊曲康唑和倍氯米松作为经皮贴剂的持续递送过程。研究表明，CNF 是一种有吸引力的材料，可以控制难溶性药物的释放，且药物可以持续释放长达三个月。Sarkar 等制备了 CNF/ 壳聚糖透皮膜，用于酮咯酸三甲胺的缓释，研究结果显示，在配方中添加 1% 的 CNF 后，10h 内可以释放 40% 的药物。Guo 等制备了一种用于盐酸二甲双胍（MH）释放的纳米纤维素 / 海藻酸钠和 MCC/ 海藻酸钠微球。研究结果显示，在 pH=7.4 时，MCC/ 海藻酸钠微球（0.3%MCC）在最初 60min 内累积释放 56%，随后进入快速释放阶段。虽然纳米纤维素 / 海藻酸钠微球（0.3%CNF）在初期阶段的累积释放量比 MCC/ 海藻酸钠微球高 10%，但在接下来的 240min 展现出其具有可持续释放的性能。Hou 通过在羧甲基纤维素上接枝棕榈酰氯和乙二醛，制备了对 pH 值和氧化还原反应双重响应的纤维素基纳米凝胶，用于农药释放；然而，在 pH 值和氧化还原反应刺激下，改性纳米凝胶的载药量为 38.5%。

Liang 等设计并制备了一种新型的生物质基温度和 pH 值双响应智

能纳米纤维（CNF-PEI-NIPAM），即通过两次氧化将纤维素上 C-2、C-3 和 C-6 的羟基部分氧化为羧基得到 CNF-COOH；用 NIPAM 对支链 PEI 进行改性，得到温度和 pH 值双重响应聚合物 PEI-NIPAM；通过羧基与氨基的缩合反应，在 CNF-COOH 上引入 PEI-NIPAM，可以可逆地改变 CNF-PEI-NIPAM 的疏水和亲水模式。另外，该课题组通过 E.coli 的抗菌实验探究了该纤维改性前后不同 pH 值条件下的抗菌性能（抗菌率超过 99%）；通过急性全身毒性、体外细胞毒性、皮肤刺激与皮肤致敏等四种测试，探究了 CNF-PEI-NIPAM 的生物相容性（细胞存活率为 85.34%）；选用亲水性药物 [阿霉素（Dox）、水杨酸钠（NaSA）和莫西沙星（MOXF）] 和疏水性药物（MOXF）作为代表，探究了 CNF-COOH 和 CNF-PEI-NIPAM 的载药性能（Dox、NaSA 与 MOXF 最大负载量为 330.12mg/g、82.99mg/g 与 125.77mg/g）和缓释性能（Dox、NaSA 与 MOXF 的释放率达到 59.45%、69.36% 与 91.96%）。

5.2 海水淡化领域

在利用太阳能进行海水淡化的过程中，太阳的光首先被转换材料捕获，从而由光能转换为热能，进而由转换的热能来克服海水由液态向气态转变的相变潜热。针对光热转换材料在工作流体中的位置，太阳能蒸汽发生系统可以分为两类：① 体积加热系统，即光热转换材料分散在大量水体中；② 界面太阳能蒸发系统，即光热转换材料负载于低热导率材料顶部并与水体隔离，同时底部水由低热导率基材中的管道利用毛细作用持续泵向顶部的光热转换层，使得更多的光热被用来对顶部流体进行加热，从而减少了蒸发系统热量损失。显然，界面太阳能蒸发系统是目前研究人员研究的重点方向。众所周知，木材拥有优良的蒸腾能力，通过其通直管道结构可以将水泵送到 100 m 以上的树冠。因此，垂直生长方向切割的木材成为海水淡化系统的理想原料，通过仿生技术进一步赋予其光热转化能力与超亲水 - 水下超疏油性能，可以获得功能优良的界面太阳能蒸发系统，以实现海水淡化。

树木是世界上最为广泛的资源之一，由于各树种的结构不同，其特性和功能也不尽相同。针叶树材中没有导管，主要由管胞和木射线组成，但管胞的直径小、壁厚、腔小，因此也被称作无孔材料；此外，它的内层细胞分布比较均匀，木射线通常是单列的，早、晚材也存在很大差异。阔叶树材主要由导管、木射线、木纤维和薄壁细胞组成，其中导管占阔叶树材总容积的 20% 左右，其直径大、壁薄、空腔大，因此也被称作有孔材料; 此外,其内部的细胞分布也是不规则的,木射线往往是多行的。根据木材中空隙的尺寸大小可将其分为宏观空隙、微观空隙和介观空隙:宏观空隙是指肉眼能够看到的空隙，例如细胞（宽度 50 ~ 1500μm，长度 0.1 ~ 10mm）、导管（直径 20 ~ 400μm）、管胞（直径 15 ~ 40μm）、胞间道（直径 50 ~ 300μm）；微观空隙则是以分子链断面级别为最大起点的空隙，例如纤维素分子链的断面级别的空隙；介观空隙是指三维、二维或一维尺度在纳米量级（1 ~ 100nm）的空隙，例如存在于针叶树材的具缘纹孔、塞缘小孔（直径 10nm ~ 8μm）、单纹孔、纹孔膜小孔（直径 50 ~ 300nm）、干燥或湿润状态下木材细胞壁空隙（2 ~ 10nm）、润胀状态下微纤丝间隙（1 ~ 10nm）。由树木代谢和光合作用的观察结果发现，树木通过木质部的导管 / 管胞和腔体完成蒸腾作用和太阳能利用。尽管导管 / 管胞沿生长方向排列，木材的热导率沿生长方向（$0.35W \cdot m^{-1} \cdot K^{-1}$）和垂直于生长方向（$0.11W \cdot m^{-1} \cdot K^{-1}$）是高度各向异性的，但两者的热导率都较低，十分利于隔绝光热层与海水之间不必要的热交换，从而提高热管理以增大蒸发效率。

5.2.1　直接炭化木材

通过炭化处理得到的样品，不仅可以保留原始木材的基本形貌和结构，同时在高温高压炭化处理的过程中，还可以使表面及内部颜色变深，并且伴随内部糖类降解，继而导致部分孔径收缩，加强其毛细作用，为表面蒸发提供充足的水分。Xue 等将木材切割成圆柱体后置于酒精火焰上预处理，抛光后，再置于酒精火焰上处理，然后迅速将其直接浸入室温下的冷水中快速淬火，即得到表面炭化的木材。该样品表现出超高吸光度、低导热性和良好的亲水性，并在仅 $1kW \cdot m^{-2}$ 的光照条件下显示出高达 72% 的光热转换效率。Zhu 等同样受树木蒸腾作用的启发，设计出一种双层结构的太阳能蒸发装置，即首先将垂直于木材生长方向切割的木材进行简单炭化（500℃处理 0.5min），在木材表面得到厚度仅约 3mm 的炭化层，可直接用于海水淡化。如图 5-5 所示：① 经过炭化的木材上表面可达到 99% 的光吸收；② 在 10 个太阳光强度（$10kW \cdot m^{-2}$）照射下，其光热转换效率为 87%，水蒸发量线性增长；③ 在 5 个太阳光强度下照射 100h 后，样品仍可以保持稳定使用，其表面没有盐分积累，无腐蚀、日光降解等情况出现；④ 样品还可以直接从地面（沙子和土壤）成功提取水分。

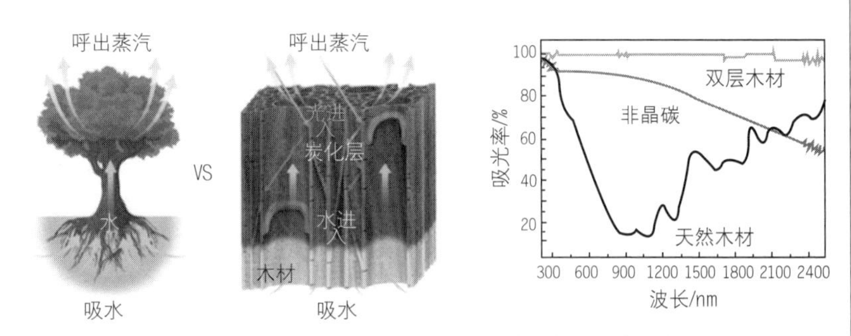

图 5-5　树木蒸腾作用与表面炭化木材蒸发器示意图以及表面炭化木材、非晶碳和天然木材吸收光谱

Kuang 等同样采用上述方法炭化木材，不同之处在于他们在炭化之前先使用电钻在木材表面钻出些许孔洞，随后用砂纸打磨表面炭化层，并用压缩空气去除残留炭。如图 5-6 所示，在 1 个太阳光强度照射下，将样品置于 20% 的 NaCl 溶液中连续运行 6h 后，相较于无孔洞样品（其表面完全被沉淀盐覆盖），该样品表面无明显盐分沉积，具有出色的自清洁能力。这是由于木材细胞壁上的凹坑、微米级木材通道和毫米级钻孔通道之间的快速盐交换，可以随时稀释天然木材通道中增加的盐浓度，使其在蒸发浓盐水的过程中不堵塞蒸汽排出孔道，在长时间的蒸发过程中始终保持稳定。另外，该样品在 1 ~ 5 个太阳光强度照射下都有优异的表现，甚至在 6 个太阳光强度照射下将其放置在 15% 的高浓度盐水中，依然得到了 $6.4kg \cdot m^{-2} \cdot h^{-1}$ 的蒸发速率，同时表现出出色的稳定性和耐久性。

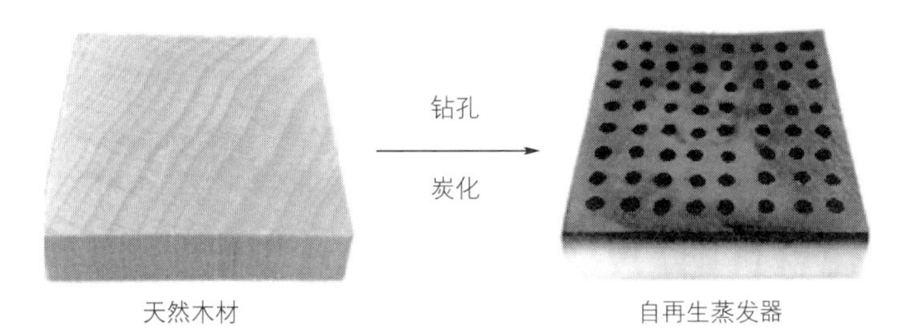

图 5-6　表面炭化木材蒸发器整体结构和通道阵列设计图

5.2.2　碳纳米材料与木材复合

纳米材料通常会展现出一些独特的电子和光学性质。在石墨烯类同素异形体中，大量的共轭 π 键使得几乎任一太阳光谱波长都能激发电子，从而产生各种 π－π* 跃迁并呈现黑色外观。当输入光能量与分子内的电子跃迁相匹配时，电子吸收光并从 HOMO 轨道提升到 LUMO 轨道。激发的电子通过电子－声子耦合而弛豫，能量从激发的电子转移到整个原子晶格的振动过程，导致材料的宏观温度上升。其他碳纳米光热转换材料，例如碳纳米管（CNTs）、碳点（LCQDs）、石墨烯（GO）、氧化石墨烯、还原氧化石墨烯（rGO）等，也是较好的界面水蒸发光吸收材料。Liu 等在木材横截面上滴筑氧化石墨烯得到 Wood-GO 新型双层复合材料，将 Wood-GO 复合材料和原始木材分别置于干燥和水面两种环境进行照射（光强度为 $5kW \cdot m^{-2}$）后，不论是在干燥状态还是水面漂浮状态，Wood-GO 都表现出较大的温度升高（$\Delta_{干燥}$=43℃，$\Delta_{漂浮}$=33℃），而原始木材的温度变化则较小。将 Wood-GO 复合材料置于盐度为 3% 的模拟海水中，以 12 个模拟太阳光强度（$12kW \cdot m^{-2}$）对其进行照射，结果发现，开始后几十秒内其温度即可达到 67℃并保持恒定，其蒸发效率与光热转换效率分别可达 $14.02kg \cdot m^{-2} \cdot h^{-1}$ 和 82.8%，与原始木材（$10.08kg \cdot m^{-2} \cdot h^{-1}$/59.5%）相比存在较大提升。

东北林业大学王成毓教授课题组利用天然木材的低曲度孔管结构与各向异性的热传导特性，将脱木质素处理后的木材作为太阳能蒸发体系基底，同时通过“一锅法”将脱除的木质素经过化学改性等处理，制备具有一定光热转换效果的木质素基衍生碳点，并原位修饰于脱木质素木材内，实现了全木组分的高效循环利用（图 5-7）。研究表明，制得的太阳能蒸发体系在 $1kW \cdot m^{-2}$ 下，其蒸发速率与光热转换效率分别为 $1.09kg \cdot m^{-2} \cdot h^{-1}$ 和 79.5%。该体系不仅实现了对可再生太阳能的有效利用，同时也实现了对木材循环全利用。此外，该课题组还利用天然木材纤维定向排列的结构特点，通过选择性去除木质素、半纤维素，并进一步在其表面修饰 rGO 光热涂层，制得能够同时定向高效收集海水、可弯折卷曲、高效光热转换激发海水蒸发的木材衍生天然气凝胶材料（图 5-7）。一个太阳光强度（$1kW \cdot m^{-2}$）下，将该材料悬挂于海水水槽之间进行“连接桥”式的海水淡化实验，结果显示，其蒸发速率为 $1.351kg \cdot m^{-2} \cdot h^{-1}$，光热转换利用率为 90.89%，相较于传统的“紧密接触”式太阳能蒸发器，避免了光热蒸发材料与水相紧密接触造成的

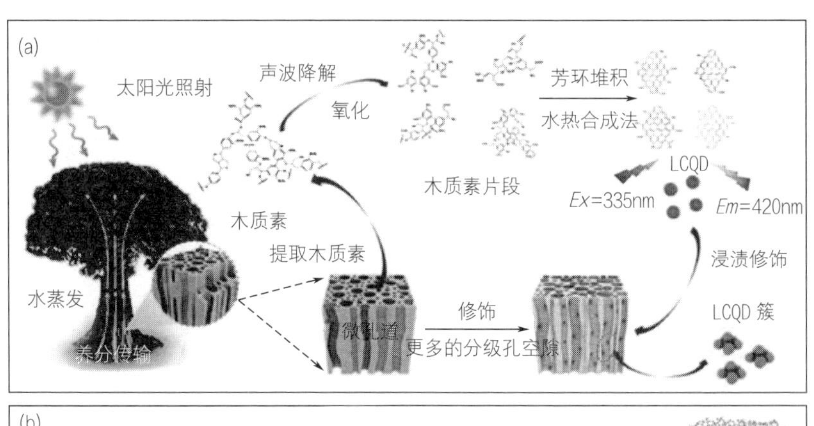

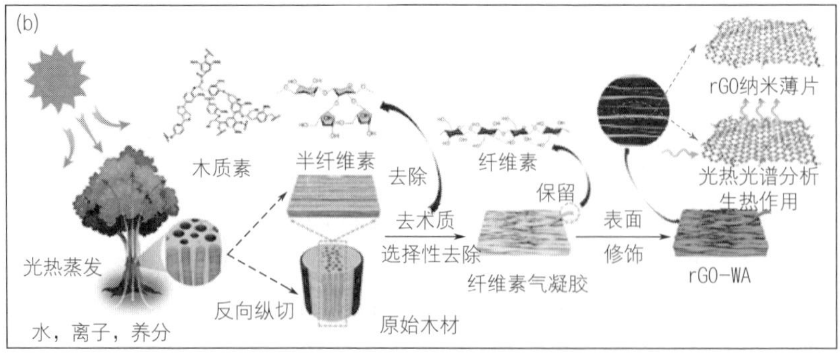

图 5-7　碳纳米材料与木材复合材料的蒸发示意图及制备流程图

热损失与光能利用率下降的问题，极大地提升了光能利用率。

5.2.3　半导体材料与木材复合

半导体材料的带隙能决定其对光的吸收能力。从光照射到半导体表面的瞬间开始，能带中的载流子（电子或空穴）浓度将不断增加。当被激发的电子最终返回到低能级状态时，能量会通过光子形式的辐射弛豫或声子形式的非辐射再弛豫，转移到材料的表面悬空键而释放，从而影响其光热转换能力。Song 等将 Fe_3O_4/PVA 混合液涂覆于脱木质素的椴木表面，得到 Fe_3O_4/PVA 复合脱木质素木质蒸发器。PVA 的加入增强了木材与半导体的结合力，保证了蒸发器在长期应用过程中不会因光热层脱落而受影响。在 1 个太阳光强度照射下，天然木材的表面温度在 10min 内从 26℃增加到 34℃，而 Fe_3O_4/PVA 复合脱木质素木材的平衡温度达到了 63℃，比未脱木质素的 Fe_3O_4/PVA 复合木材表现出更高的温度，此外，脱木质素木材比原始木材的亲水性能更好，充分说明木材脱木质素处理的必要性。

He 等将山毛榉、雪松、白蜡树、橡树、杨树和柘木等多种木材浸于单宁酸（TA）溶液获得 Wood-TA，再将 Wood-TA 浸入 $Fe_2(SO_4)_3$ 溶液中得到 Wood-TA-Fe^{3+}（图 5-8）。但处理聚丙烯（PP）多孔膜、聚酯织物和聚氨酯（PU）海绵等材料时，它们表面的颜色呈蓝灰色而非黑色，但对于本身含有丰富单宁酸的拓木，仅用 Fe^{3+} 进行简单处理就足以将其转化为黑色。通过对比原始木材、Wood-TA 和 Wood-TA-Fe^{3+} 的 SEM 图像，发现由于掺入的 TA 和表面 Fe^{3+} 之间的配位作用，Wood-TA-Fe^{3+} 表面出现纳米粒子，而粗糙的木材表面和丰富的孔道结构进一步降低光反射带来的能量损失。研究表明，Wood-TA-Fe^{3+} 经 pH 值为 2 ~ 12 的溶液浸泡 24h，放入海水（黄海）以 $3000r \cdot min^{-1}$ 的速度搅拌 100h，超声 2h 和 100 次循环冷冻 - 解冻，等一系列测试后，其表面光热吸收层没有发生明显变化。Wood-TA-Fe^{3+} 还具有良好的抗污性能，在面对复杂水质时，可有效避免油滴附着和堵塞其孔道而降低其蒸发效率。此外，研究人员还事先对杨木表面开凿许多沟槽，结果表明，在同等情况下表面改进的 Wood-TA-Fe^{3+} 的水分蒸发速率达到 $1.85kg \cdot m^{-2} \cdot h^{-1}$，是未经表面改进样品的 4 倍。

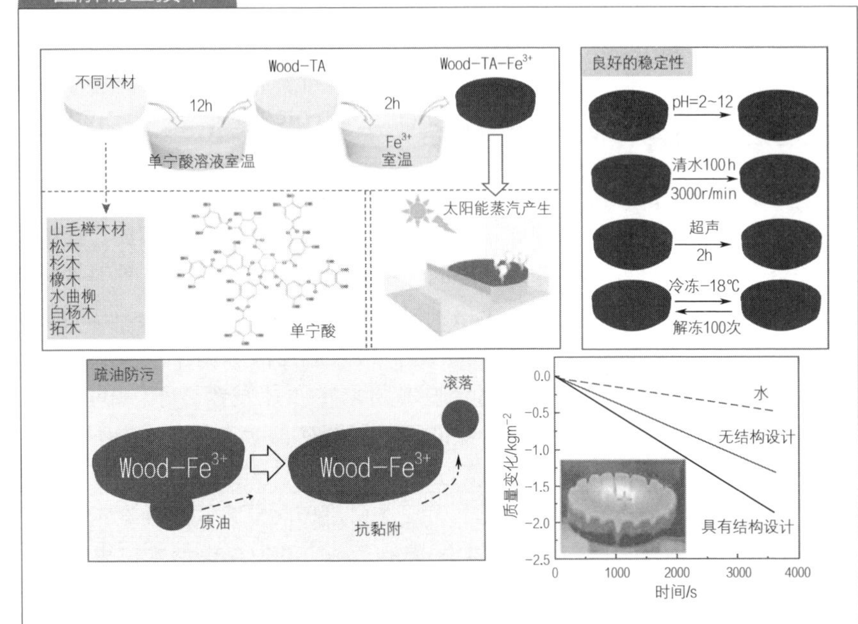

图 5-8 半导体材料与木材复合的制备流程图

5.2.4 高分子聚合物与木材复合

聚多巴胺（PDA）具有良好的黏附性能，可在碱性条件下通过多巴胺单体自聚合制备而成，且从紫外线（UV）到近红外线（NIR）均具有吸收光谱，是一种理想的光热涂层材料。Yuan 等将多巴胺单体和精氨酸水溶液混合得到黑色沉淀物（APDA），并将其涂覆于樟木表面制得 APDA-Wood 光热转换材料。与传统 PDA 相比，APDA 带隙更窄，表现出的光吸收能力更强，符合密度泛函理论（DFT）。此外，在 365nm、500nm 和 808nm 光激发下，APDA 没有明显发光，表明非辐射跃迁过程占主导地位，即 APDA 吸收的光会更快速有效地转化为热能，从而使 APDA 温度升高。在 1 个模拟太阳光强度照射下，APDA-Wood 表面的温度升高比纯木材和水的温度升高更迅速，即 APDA-Wood 表面温度可以在 5min 内达到 38℃，并稳定在 40℃，蒸发速率可达 $0.91kg \cdot m^{-2} \cdot h^{-1}$。为验证海水淡化的实际效果，以 3.5%NaCl 溶液模拟海水，结果表明，经 APDA-Wood 淡化后的模拟海水，其主要离子浓度均明显下降，即 Na^+ 浓度降低了 99.99%，其他主要金属离子如 Ca^{2+}、Mg^{2+} 和 K^+ 的浓度也降低了 99% ~ 99.9%，远低于美国环境保护署（EPA）和世界卫生组织（WHO）确定的盐度水平。另外，该 APDA-Wood 表现出优越的使用稳定性，即使经 100 次脱盐循环后，其水蒸发率没有明显下降，表面光热材料亦无剥落和形状变化。

聚吡咯（PPy）在整个太阳光谱中展现出 90.8% 的高吸收率，可与纤维素的羟基通过氢键结合，继而在不阻塞孔道的基础上于木材腔体表面均匀、稳定负载。结果显示，在木材和 PPy NPs 的协同作用下，PPy-Wood 在 250 ~ 2500nm 的光谱范围内表现出几乎全光谱的光吸收和低入射角敏感度，对光的吸收率增至 97.5%。此外，木材自身的物理特性赋予 PPy-Wood 优异的隔热和输水性能，吡咯（Py）原位聚合到木材的方式保证了木材孔道的通畅与耐盐性能。Huang 等将木块浸入配制好的 Py 溶液，待完全吸附、干燥后，再浸入硫酸铵（APS）和 HCl 的混合溶液，经进一步超声清洗，获得黑色 PPy-Wood。对比 PPy-Wood 和原始木材在 250 ~ 2500nm 光谱范围内的光学特性发现，原始木材的光吸收率（44.9%）远低于 PPy（90.8%）。更重要的是，在 PPy 与木材的协同作用下，PPy-Wood 在整个光谱范围内的光吸收率高达 97.5%，在 1、3、5、7 和 10 个太阳光照强度下，PPy-Wood 的蒸发速率分别为 $1.33kg \cdot m^{-2} \cdot h^{-1}$、$3.47kg \cdot m^{-2} \cdot h^{-1}$、$5.85kg \cdot m^{-2} \cdot h^{-1}$、$8.38kg \cdot m^{-2} \cdot h^{-1}$ 和 $11.77kg \cdot m^{-2} \cdot h^{-1}$，远高于相同条件下纯水的蒸发速率（$0.50kg \cdot m^{-2} \cdot h^{-1}$、$0.78kg \cdot m^{-2} \cdot h^{-1}$、$1.19kg \cdot m^{-2} \cdot h^{-1}$、$1.66kg \cdot m^{-2} \cdot h^{-1}$ 和 $2.31kg \cdot m^{-2} \cdot h^{-1}$）。此外，经强酸（pH=2）、碱（pH=10）、高温（100℃）和超声处理的 PPy-Wood 没有表现出 PPy 涂层的明显脱落，验证了 PPy-Wood 良好的结构稳定性。另外，由于木材粗糙表面减小了光的多重散射，PPy-Wood 在多个角度（0° ~ 60°）下均保持高于 93% 的光吸收效率。Wang 等制备的 PPy-Wood 在 1 个太阳光照强度下，其表面温度，照射 5min 即达到 39.6℃，照射 1h 为 41.0℃。该研究还评估了 PPy-Wood 的重复使用性，即在 7 个使用周期内的蒸发速率（约 $1.0kg \cdot m^{-2}h^{-1}$）和效率（超过 70%）几乎没有发生变化。另外，即使经过 45 天长期存放，PPy-Wood 的蒸发速率和效率均无明显变化。

5.2.5 贵金属材料与木材复合

在一些金属纳米材料中，当光频率与金属表面电子的振荡频率匹配时，会发生共振光子诱导的相干振荡，从而导致局部的表面发生等离子共振（LSPR）效应。LSPR 效应可引起近场增强、热电子生成和光热转换等效应。等离子体辅助光热效应发生在金属纳米粒子被其共振波长的光照射时引起的电子气体振荡。当电子从占位状态被激发到非占位状态时，就会产生热电子，并利用电子散射来重新分配热电子，使其局部表面温度快速升高。LSPR 效应与金属粒子的形状、尺寸，介电涂层或介质和组装状态都密切相关。一般情况下，空心结构或形状不对称会使激光 LSPR 谱带变宽，而颗粒大小或周围介质的变化会引起激光 LSPR 谱带偏移，并可能使吸收谱带变宽。目前，Au NPs 和 Ag NPs 在等离激元共振和化学稳定性上表现优异，是用于太阳能蒸发最常见的等离激元金属。

Zhu 等认为木材太厚将导致蒸发层吸收的水分不足以产生蒸汽，从而降低蒸发率；反之，吸收的热量不能被限制在木材顶部，确定木材最优厚度为 2cm，并在木材上负载 Pd NPs、Au NPs 及 Ag NPs［图 5-9（a）~（d）］。与分离双层结构的 Wood-GO 不同（GO 层和木材表面之间的空隙会导致蒸发层吸水量下降，水分蒸发率降低），由此方法制备的产品具有良好的一体式结构与亲水性，其密度仅为 $0.52g \cdot cm^{-3}$，可以漂浮在水面之上。在 LSPR 效应下，金属木基光热转换材料对 250 ~ 2500nm 波长的光的吸收率高达 99% 以上；得益于木材独特的微通道排列结构中多次光反射、散射和吸收，金属木基光热转换材料在多个光线入射角（0° ~ 60°）范围内，保持了 98% 以上的高光吸收率［图 5-9（e）、（f）］。与较脆的石墨烯气凝胶、氧化铝箔等材料相比，金属木基光热转换材料表现出与天然木材几乎相同的力学性能；经不同酸碱度溶液处理后，锚定在木材上的金属粒子没有发生脱落，展现出良好的化学稳定性。此外，得益于木材内部的开放微通道结构，制得的金属木基光热转换材料具有优异的盐分自清洁能力。在 5 个太阳光照强度下，该木材上表面的盐水浓度不断增加并逐渐形成盐晶体；模拟夜晚时，表面形成的盐晶体逐渐被溶解在微孔道的盐水中，继而回流到海水中。即使经过 8h 的盐分积累，金属木基光热转换材料中的微通道始终保持通畅。

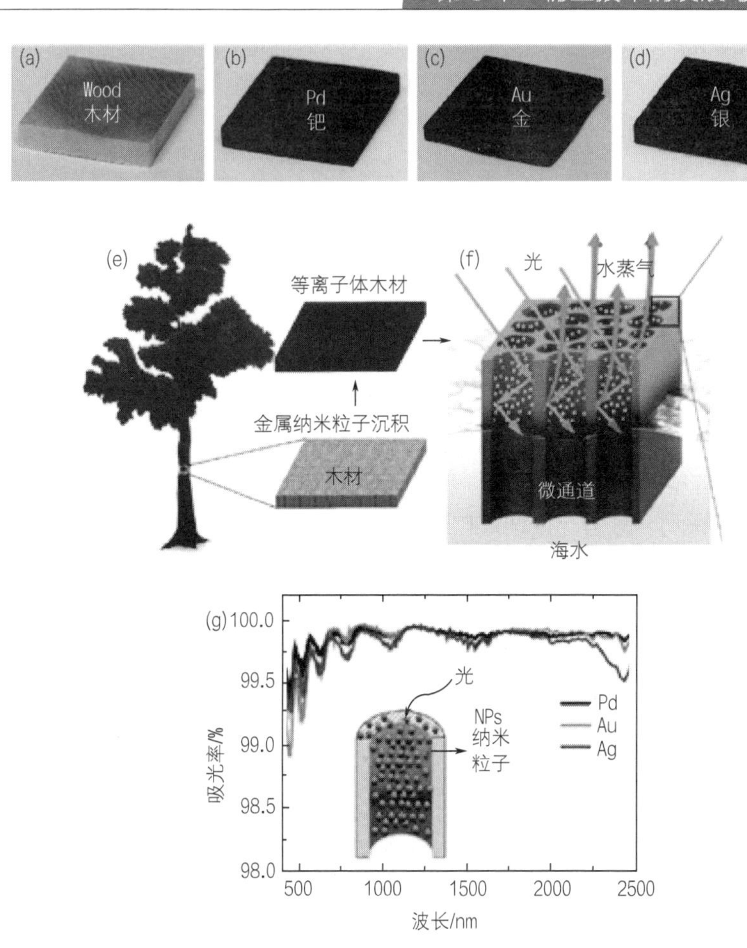

图 5-9　贵金属与木材复合材料的蒸发作用

（a）~（d）天然木材及经金属纳米材料装饰后木材图像；（e）木基金属纳米复合蒸发器；（f）光热转换产生蒸汽示意图与原理图；（g）对不同波长光的吸光率

5.3　结构损伤检测领域

近年来，世界各地工程建设频繁发生的安全事故，使得对大型建筑的安全监控和损伤识别的研究迫在眉睫。Housner 等提出了结构健康监控的概念，即通过使用智能感知技术，实时获得结构运行状态的信息，并对其进行处理和评价。作为一种较为成熟的技术，它必须具备对结构状态进行监控和自适应控制的能力；能通过智能传感驱动器、数据传输、信息处理、材料结构力学建模方法、有限元及人工智能等方法实时在线提取与结构健康状态相关的损伤响应特征；并通过对结构的损伤进行实时分析，对其损伤程度进行评估，达到事故提前预警的效果。

5.3.1 压电材料

智能材料源自仿生学，是现代高科技新材料发展的重大突破，解决了传统意义上的功能材料和结构材料之间不可逾越的界线，实现了智能材料（如压电传感和驱动元件）和结构的无缝集成，除了能承受载荷外，还可实现识别、分析、处理及控制等智能传感和驱动功能。以压电材料为代表的智能材料和结构体系因其具有集传感、驱动和信息处理于一体的优点而被广泛地应用。随着应变大、强度高、驱动能力强、耐用性好、能耗低的压电智能材料的利用与开发，实现了压电智能材料的结构健康监测与损伤识别，并应用到土木工程结构健康监测及结构的振动控制中，可准确地对结构的损伤程度进行判定，同时对结构的剩余寿命和加固改造提出相应的建议，是一种可靠、有效、实用的监测方法。压电智能系统一般由三部分组成：压电智能传感器、驱动器、智能控制系统。目前对压电智能结构的研究主要有：智能桁架、梁、板、壳等结构；应用多集中在结构的实时健康监测与损伤识别、力学性能分析、振动控制、减振及抗风降噪等。按材料物理结构特点，压电材料可分为无机压电、有机压电和复合压电材料，如表 5-1 所示。

表 5-1 压电材料的类型

<table>
<tr><td rowspan="4">压电材料</td><td rowspan="4">无机压电材料</td><td>单晶体</td><td>石英、酒石酸钾钠、磷酸二氢铵、铌酸锂、硫酸锂、钽酸锂、锗酸锂</td></tr>
<tr><td rowspan="3">多晶体</td><td>铁电陶瓷（极化）→压电热释电陶瓷</td></tr>
<tr><td>反铁电陶瓷（高电场）→铁电陶瓷</td></tr>
<tr><td>铁电半导体陶瓷</td></tr>
</table>

续表

<table>
<tr><td rowspan="11">压电材料</td><td rowspan="3">无机压电材料</td><td rowspan="3">陶瓷</td><td>一元系</td><td>钛酸钡、钛酸铅、铌酸钾钠、偏铌酸铅</td></tr>
<tr><td>二元系</td><td>偏铌酸铅钡、锆钛酸铅</td></tr>
<tr><td>三元系</td><td>铌镁－锆钛酸铅、铌钴－锆钛酸铅、铌锌－锆钛酸铅、铌锑－锆钛酸铅、铌锰－锆钛酸铅</td></tr>
<tr><td rowspan="3">有机压电材料</td><td>薄膜</td><td colspan="2">压电半导体薄膜、铁电薄膜</td></tr>
<tr><td>高分子聚合物</td><td colspan="2">晶态聚合物、非晶态聚合物</td></tr>
<tr><td colspan="3">聚偏二氟乙烯（PVDF）</td></tr>
<tr><td rowspan="5">复合压电材料</td><td>分子复合物</td><td colspan="2">晶态聚合物＋铁电陶瓷
非晶态聚合物＋铁电陶瓷</td></tr>
<tr><td colspan="3">PVDF+PZT 复合</td></tr>
<tr><td colspan="3">0-3/2-2/1-3 型复合压电材料</td></tr>
<tr><td colspan="3">水泥基复合压电材料</td></tr>
<tr><td colspan="3">混凝土基复合压电材料</td></tr>
</table>

5.3.2 外贴式压电传感器

基于压电智能传感器与驱动器的土木工程结构健康监测与损伤识别技术已经取得颇为丰硕的阶段性的研究成果。在工程损伤探测中，一般将压电材料制成片状、薄膜状或涂层，并采用外贴、埋入、表面涂覆三种方式固定于结构内外，用以进行破坏与裂缝的定位、定量识别与监控，或用于微电子器件和微机械设备的监控与智能感知。

外贴式压电传感器通常是在弹性杆、梁、板、壳或三维夹层的外部表面上，监测一定范围内的阻抗信号并用数学的方法对其进行处理，得到损伤指数，从而判定其破坏程度，是一种较为简单、基础的传感器配置方式。该装置的安装方式受结构的形状和多种因素的影响，压电片的材质、尺寸、粘贴位置、环境对压电片的损害等都会对其监控效果产生一定的影响。宁波大学王炜课题组研究了基于压电阻抗原理的压电片用于三层钢框架结构的损伤监测，通过拧松钢框架节点的螺栓模拟损伤，验证了利用压电阻抗技术进行结构健康检测的有效性。目前该方法可实现使用主动传感的压电片对建筑物螺栓的工作状态进行健康监控，并成功地对螺栓接头的松动状态进行了检测和评价。

Du 等通过对 PZT 压电传感器的研究，使其可应用于管道裂纹检测和损伤程度监测领域。试验采用 8 种不同的裂缝深度，对 8 种不同的工作状态进行了仿真。通过对压电传感器的输出电压进行比较，得到了管道的损伤程度及大致位置，并利用小波包分析的方法进行了不同工作状态下的损伤指标计算。压电片所反映的破坏指标随裂缝深度的增大而增大，从而进一步证实了该传感器对损伤程度的鉴定。因此，将钢制管道外贴式 PZT 片分别设置在与裂纹不同距离处，通过对不同压电片阻抗信号和 RMSD 损伤指标的对比，可实现外贴式压电片对多裂纹的损伤识别、定位和损伤程度检测。Machado 等将无铅压电材料制成的压电片贴附于钢梁上，通过比较接收感应电压值，证实了其用于振动能量收集的可行性和有效性，还比较了不同形状的压电片对电学性能的影响。尽管外贴压电元件安装简便，使用范围广，但由于测量信号的随机变化、噪声、工作环境等因素的影响，难以保证其健康监控精度、长时间监控的灵敏度，同时也难以对材料内部的损伤进行实时监控。针对以上问题，研究人员还提出了其他压电式传感器的布置方式。

5.3.3 表面涂覆式压电传感器

表面涂覆式传感器则是直接在复杂结构基体表面涂覆一层微米级压电薄膜或压电涂层，不限制基体形状，排除了黏结层的影响。现已实现了微驱动器件的信息传感应用，随着研究的深入，其在工程结构、航空、生物医学等行业也将迎来很广阔的应用前景。基体表面涂覆技术多种多样，例如溶胶 – 凝胶技术、脉冲激光沉积技术、磁控溅射技术、热喷涂技术、等离子喷涂技术和超声速等离子喷涂技术等。具体地，Xing 等采用超声速等离子喷涂技术制备出结构致密、无杂相、与基体结合良好的 $BaTiO_3$ 涂层，通过对比热压烧结制得的 $BaTiO_3$ 的介电常数和介电损耗率，可以明显看出超声速等离子喷涂制得的涂层的介电性能更好。Mazzalai 等研究了射频磁控溅射制备的 PZT 薄膜的显微结构调控和压电性能，通过改变晶向来优化压电性能，使材料更适合应用于压电 MEMS 电子器件。Hoshyarmanesh 等利用溶胶 – 凝胶技术在弯曲的镍基高温合金 IN738 基体上制备出了 PZT 压电薄膜，实现了压电薄膜在曲面上的制备，验证了该薄膜作为健康监测传感器的有效性。

综上，外贴式、埋入式及表面涂覆式压电传感器从布置方法、特点到应用均存在很多不同之处，其区别如表 5-2 所示。在实际应用中，要根据三者的特点，选择适当的传感器装置模式才能达到理想的监测目的。

表 5-2　外贴式、埋入式及表面涂覆式压电传感器的比较

形式	外贴式	埋入式	表面涂覆式
布置方法	将压电陶瓷片呈矩阵式粘贴在结构表面，监测一定范围内的阻抗信号，通过数学方法处理信号，获得损伤指标，判断损伤状况	将压电片或压电功能元件嵌入结构中，因压电陶瓷良好的埋入性能，不同于外贴式之处在于设置位置不同，它尤其适合混凝土结构内部损伤的探测	利用溶胶－凝胶技术、磁控溅射技术、脉冲激光沉积法或热喷涂技术等，直接在结构件或基体表面制备出压电薄膜或涂层，不受基体表面质量和形状的限制。没有黏结层是其与外贴式压电传感器本质上的不同
优点	操作简单，粘贴位置随意设置，对结构没有损伤，压电片受力状况清晰等	设置方式不受结构外形影响；在一定程度上减少外界因素对压电片工作性能的影响，提高了检测结果的可靠性	溶胶－凝胶技术的工艺简单，对制备环境要求不高，薄膜均匀；磁控溅射法的成膜温度一般低于 500℃，易制得无针孔和裂纹的薄膜，薄膜结晶性好；PLD 的沉积速度快，成分一致，易制备多层膜、异质膜和超晶格，工艺简单，灵活性大，可实现原位退火等；热喷涂技术可适用于多种喷涂材料，涂层都有较好的耐磨、耐蚀、耐高温性
缺点	由于 PZT 片长期裸露在结构表面，没有保护，易遭受外界环境因素的影响，导致其观测数据存在一定偏差；压电片粘贴位置和结构外形限制也会影响监测效果	将压电元件嵌入结构中，结构的稳定性和可靠性会受到一定程度的影响；埋入方法多种多样，但操作起来相对复杂	溶胶－凝胶技术中一些有机物原料对人体有害；效率低，成本高；凝胶中存在缺陷等。磁控溅射法所得的薄膜成分与靶材有一定偏差，稳定性一般，生长速率较慢；热喷涂技术的喷涂工艺的高温高速使喷涂质量很难控制，喷涂中存在的一些材料分解、孔隙缺陷还需要进一步改善
实际应用	主要用于建筑结构，如混凝土结构复合板、钢结构的损伤检测与损伤识别	能够有效延长压电材料的使用寿命，较适用于建筑工程结构的长期、动态、实时的健康监测与损伤识别	溶胶－凝胶技术在铁电材料、超导材料、光电材料等很多先进材料的薄膜制备中均可采用；磁控溅射法目前已广泛应用于光学薄膜、半导体器件和太阳能电池等高技术领域中；PLD 目前用于制备金属、半导体、绝缘体等多种无机薄膜材料和一些难熔材料，还可制备外延单晶膜；热喷涂技术适用于航空航天、石油化工、工程制造等诸多领域

5.4 可穿戴电子器件领域

迄今为止，人们发展了多种手段来提高电子器件的综合性能，通常都是基于现有复杂的加工手段及材料合成方法，存在一定的局限性。“仿生”是科学技术研究中重要的理念与方法之一，在自然界中，经过千百万年演变与进化，各种生物体都能通过其独特的形状与功能实现对生存环境的适应。例如，蜘蛛可通过腿部皮肤裂纹微结构高灵敏地感知地面微振动从而实现远距离探测，变色龙 / 章鱼等能通过感知外界光线变化而改变皮肤色彩来进行伪装保护等。因此，通过向自然学习，对生物界存在的物质及结构进行“模仿”和创新，为可穿戴电子器件的设计与发展提供了丰富的思路和方法。

5.4.1 电子皮肤

皮肤是人体最大的器官，是非常“强大”的触觉传感器，它可以同时检测各种刺激的强度和模式，在人类与外部环境的交互中起着重要作用。电子皮肤是由轻薄、可弯曲、可拉伸、有弹性的材料制成的柔性电子器件，可以分辨出按压、敲击和弯曲等外部刺激并将其转换为电子信号，是传感器技术、微机电技术、新材料技术等多项技术相互融合的成果。触觉传感器能对外界的应力刺激产生对应的电信号，广泛应用在人工智能、人机交互、生物信息检测等领域。深入了解人体皮肤的感知原理，是设计仿生触觉传感器的重要前提。

近年来，电子皮肤一直是学术界和业界的热门话题，其中用于模仿人体皮肤功能的仿生触觉传感器是研究的重点之一。美国西北大学 John A. Rogers 教授课题组研发了厚度、有效弹性模量、弯曲刚度与表皮相匹配的电子系统装置。与传统的基于晶片的技术不同，将这些装置层压到皮肤上，能够完全保持装置形状并具有良好的应变性能。该系统包含电生理、温度和应变传感器，以及晶体管、发光二极管、光电探测器、射频电感器、电容器、振荡器和整流二极管等功能部件，可以成功测量心脏、大脑和骨骼肌产生的电活动。另外，该课题组构建了可植入大脑的多功能类皮肤传感器，所有组成材料通过水解和 / 或代谢作用自然地被人体吸收，无需提取。该系统能够持续监测颅内压和温度，对治疗创伤性脑损伤具有重要的潜在应用价值。此外，该课题组还报道了一种可以实时无线测量出汗率、出汗量和皮肤温度的电子器件。该方法结合了短而笔直的流体通道，以利用基于热致动器和精密热敏电阻的流量传感器捕获从皮肤中流出的汗液，该流量传感器与汗液物理隔离，但与汗液热耦合。该平台使用芯片上的蓝牙低功耗系统自主传输数据。这种方法还可以与先进的微流控系统和比色化学试剂相结合，以测量 pH 值以及汗液中氯、肌酐和葡萄糖的浓度。

斯坦福大学鲍哲南团队和浦项科技大学 UnyongJeong 利用离子弛豫动力学原理，以简单的双电极电容的结构，制作出可以实现对温度和应力同时响应的柔性传感器。将这种传感器做成 10×10 的阵列，即可实现像人类皮肤一样具有温感和触感的电子皮肤，如图 5–10 所示。

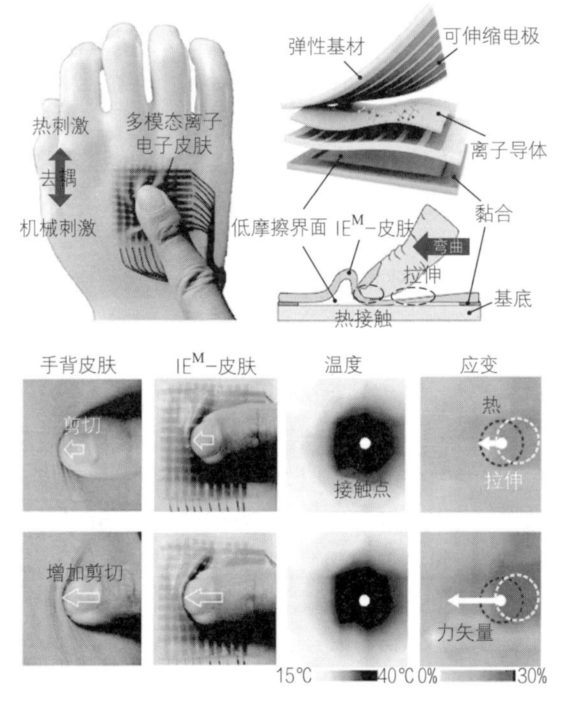

图 5–10　多模态离子电子皮肤的结构及其对应力和温度的响应

Dae-Hyeong Kim 教授课题组研发了多功能可穿戴皮肤系统，具体包括生理传感器、非易失性存储器和药物释放致动器。电子、机械、传热和药物扩散特性的定量分析验证了各个组件的运行，从而实现了系统级的多功能电子皮肤。George G. Malliaras 教授课题组研发了超薄有机薄膜中的有机电化学晶体管组成的电子皮肤，该薄膜旨在记录大脑表面的电生理信号。利用该装置在体内对癫痫样放电进行测试，与表面电极相比，由于局部放大而显示出优异的信噪比，为医疗应用带来了巨大的希望。未来，随着工程技术的发展，电子皮肤将实现更加真实复杂的多尺度功能感知，并有可能进一步增强甚至扩充人类感官能力，例如触觉、嗅觉以及味觉等的增强，对磁场、电场以及辐射等的感觉扩充。

5.4.2 柔性太阳能电池

伴随智能电子工业的快速发展，柔性可穿戴电子器件成为未来电子元器件发展的热点领域，电源是其重要的组成部分。钙钛矿太阳能电池由于其高效率、低成本和灵活的制备方法而广泛用于柔性电池的制造。柔性钙钛矿太阳能电池（PSCs）以其优异的光电性能、重量轻、成本低、生产可行性高而逐渐引起人们的关注。与刚性器件作为硅基的太阳能电池替代品相比，柔性 PSCs 显示出其独特的商业价值，可以充分用于可穿戴电子产品、智能车辆、建筑集成光伏等行业。然而，柔性 PSCs 面临着小规模的旋涂生产，向大面积印刷生产的工艺转化，转化过程中，随着器件面积的增大，钙钛矿晶体的生长和钝化问题在柔性衬底上更加严重。另外，由于大面积组件的存在，铟锡氧化物（ITO）和钙钛矿晶体的脆性也将更加严重。

受脊椎生物结晶和灵活结构的启发，南昌大学陈义旺教授课题组采用微乳液法，合成了一种具有良好的分散性和稳定性的 PEDOT:PSS 墨水。更重要的是 PEDOT:EVA 胶卷，由于 EVA 黏合剂产生内聚性充当 ITO 和钙钛矿薄膜之间的空穴传输层（HTL），促进钙钛矿在柔性衬底上的垂直晶化，同时将脆性的 ITO 和钙钛矿紧密地粘在一起，并提高了柔性，所制备的大面积（$1.01cm^2$）柔性 PSCs 完全由弯月面涂层制备，稳定化效率为 19.87%，具有较强的机械稳定性。此外，由于 EVA 的疏水性和封装特性，钙钛矿和 ITO 薄膜之间的离子扩散也受到抑制，在室温光照 3000h 后仍保持 85% 的初始效率。该团队进一步将柔性

PSCs 组装成一个模块（2cm×2cm×36cm），可为身体运动中的各种电子设备供电。大连理工大学史彦涛教授团队与美国布朗大学 Nitin P. Padture 教授团队合作，通过在3D钙钛矿表面和晶界原位形成低维（LD）钙钛矿，构筑出了一种新型 LD/3D 结构。该结构中，LD 钙钛矿一方面能够有效钝化深能级缺陷并减少电荷复合，显著提升了器件光电转换效率（21%，目前柔性 PSCs 最高效率之一）和长期稳定性（光照下持续工作 800h 仍维持最初效率的 90%）；另一方面，LD 钙钛矿的存在提高了薄膜的断裂能，有效提升了器件耐弯折性（连续弯折 20000 次仍维持最初效率的 80%）。基于以上新策略，柔性 PSCs 光电转换效率、工作稳定性与机械稳定性（耐弯折性）获得了同时提升，这为柔性 PSCs 技术的发展以及未来商业化应用提供了有力支撑。

柔性衬底是决定柔性钙钛矿太阳能电池性能的关键因素。目前用于柔性器件制备的衬底主要为聚合物衬底，当达到临界弯曲半径时，其透明导电层发生断裂，导致光电性能发生严重衰减，同时水分子极易穿过聚合物衬底，影响电池的机械稳定性和钙钛矿长期稳定性。云母耐高温而且化学性质稳定，可以用作普适通用衬底，将现有玻璃基钙钛矿太阳能电池制备工艺直接转移到柔性云母基板，大大缩短柔性太阳能电池的研发周期，避免高分子基衬底的二次工艺开发。如图 5-11 所示，以高

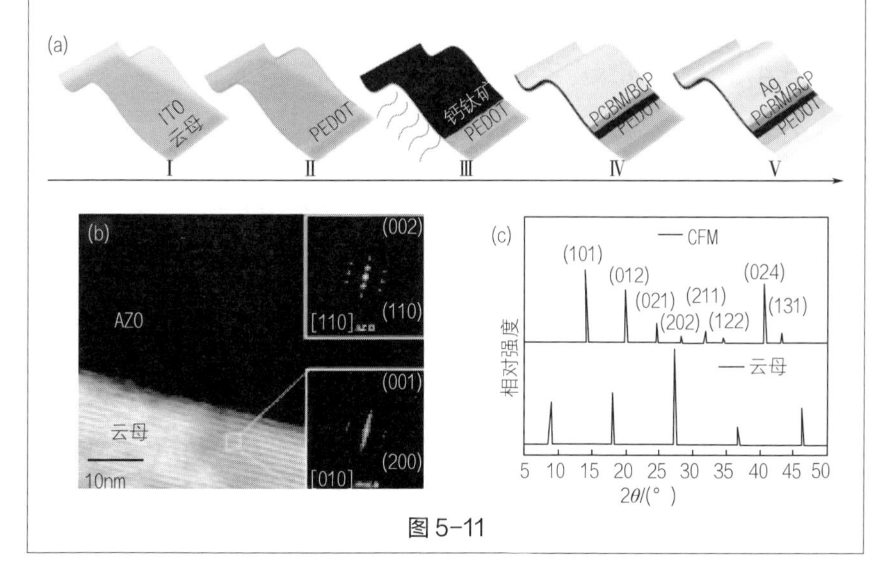

图 5-11

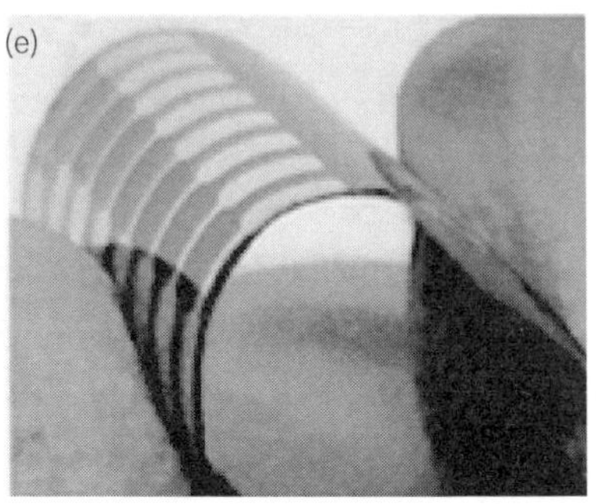

图 5-11　基于云母基底的 3D 钙钛矿太阳能电池的结构

（a）柔性云母结构；（b）云母基钙钛矿膜；（c）XRD 图；（d）高度柔韧的二维层状云母片结构；（e）基于云母基底的 3D 钙钛矿太阳能电池原片

度柔韧的二维层状结构云母片为衬底，不但通过范德瓦耳斯力外延生长透明导电 ITO（$In:SnO_2$）薄膜，降低衬底对 PSC 器件的机械约束，而且通过云母的二维层状结构阻挡水分子纵向渗透，提高器件稳定性，在透明云母衬底上开发出高度柔性、坚固、稳定且高效的 PSC，最佳光电转换效率（PCE）为 18.0%，弯曲半径小至 5mm，在 5000 次弯曲循环后保持原有效率的 91.7%。

5.4.3　柔性超级电容器

在各种能量存储装置中，超级电容器由于具有高功率密度、长寿命和低成本等优势而引发广泛的关注。超级电容器也称电化学电容器，它被认为是连接传统电介质电容器和锂离子电池两类储能设备的桥梁，并且在过去的几十年内受到了极大的关注。首先，超级电容器在单位时间内释放和接收的能量比锂离子电池高 1 ～ 2 个数量级，具有更高的功率密度，在数秒内即可完成充放电过程，并且能够在连续充放电循环成千上万次后维持其储能性能。因此，超级电容器作为有前途的能量存储设备，凭借其高功率密度、操作安全、长循环寿命和简单的配置等优点而得到了发展和深入研究。近十年来，可穿戴和便携式电子设备的发展刺激了对具有灵活性和可折叠性的小型化能量存储设备的研究。纤维结构的柔性可拉伸超级电容器具有突出的柔韧性和可编织性，能够很好地集成于可穿戴电子设备用于能源供应，是一种高效微型便携储能设备。

韩国庆熙大学 Jae Su Yu 教授团队报道了一种无黏结剂的具有核壳结构的层状双氢氧化物柔性电极——NC LDH NFAs@NSs/Ni 织物。如图 5-12 所示，利用废弃的聚酯织物作为 Ni 原位化学沉积的基底，随后垂直对齐的 NC LDH NFAs 在 Ni 织物上生长，并且通过简单的电化学沉积法在 NC LDH NFAs 上进一步修饰蓬松状的 NC LDH NSs 分支。所制备的核壳状纳米结构提供了高比表面积和电化学活性，为电解质的扩散和电荷传输提供了理想的路径。Shi 等在具有“缠绕弹簧”结构的镀银聚氨酯 / 棉状聚酯纤维复合纱线（Ag-DCYs）上涂覆电活性碳纳米管。制备的“缠绕弹簧”结构的高导电 Ag-DCYs 复合纱线可用作电极的弹性基底，而薄碳纳米管层均匀包裹在整根纱线上，为电极提供了显著的电化学电容。由此纱线电极组装的柔弹性线状超级电容器具有高体积能量密度（4.17 mW · h/cm^3）、高体积功率密度（1080 mW/cm^3）及较强的耐用性。更重要的是，集成器件是可弯曲和可拉伸的，

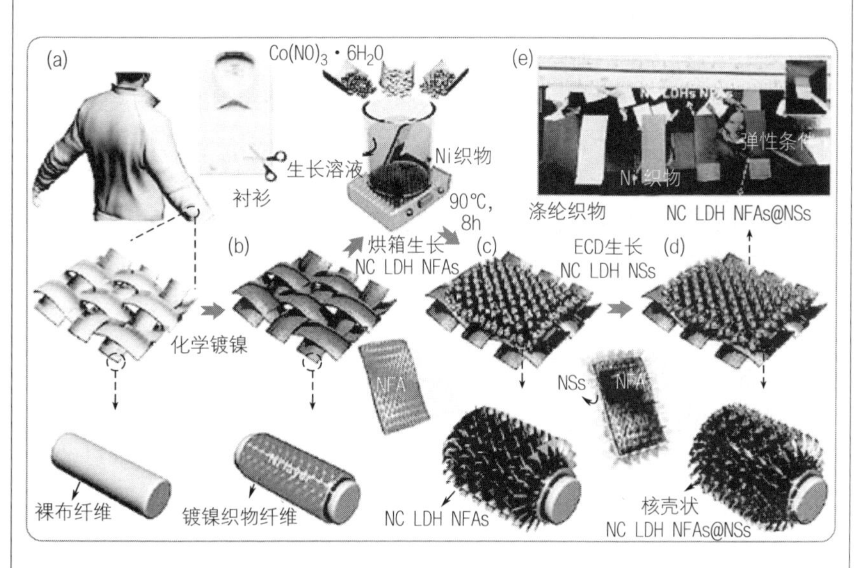

图 5-12　利用耐磨聚酯衬衫制备自分支 NC LDH NFAs@NSs/Ni 织物的工艺示意图

在高应变（150%）下不会降低电化学性能，可以很容易地与纺织品编织成不同的形状。北京纳米能源与系统研究所的胡卫国、蒲雄等在常用的衣服纤维表面相继镀上均匀的金属层和石墨烯层，开发了兼具发电和储能功能的自充电织物，可以编织进外套、毛衣或者裙子等服饰。这种能源衣集成了纤维状的固态超级电容器和摩擦发电衣，将人体运动能量转换收集并存储于超级电容器纤维，来给智能穿戴设备提供能量补偿。

5.4.4　纳米发电机

纳米发电机是一种电子发电器件，因其能够在纳米范围内将机械能转化成电能而被称为世界上最小的发电机。目前纳米发电机主要分为压电纳米发电机、摩擦纳米发电机和热释电纳米发电机三类。在自然界，风摩挲树叶，雨拍打屋顶，存在摩擦；人走路，脚与地面、肢体与衣服接触，也存在摩擦；机械振动等，也能产生摩擦。能否将这些微小的摩擦能量收集起来，为传感器供能呢？摩擦纳米发电机是一种新型高效的能量采集器件，可以有效地将这些摩擦机械能转化为电能，同时提供了一种新型的自驱动传感机制，可以实现无需外部电源供给下的信号感知，对解决电子皮肤能源供给问题提供了无限的可能。

中国科学院王中林教授研究团队通过利用自然易得的动物皮毛作为摩擦电材料开发了一种超耐用、低磨损的纳米发电机（TENG），来有效地收集能量。由于具有弹性和柔软性，动物毛皮在长期运行过程中可以与其他摩擦电材料保持紧密接触和低摩擦状态，从而确保高输出性能和低磨损。相对于传统的 TENG，毛刷 TENG（FB-TENG，图 5-13）在低驱动扭矩的情况下，其电输出增加 10 倍以上，在 0.1 N · m 下连续运行 300000 个循环后的转移电荷仅表现出 5.6%的衰减，且即使相对湿度增加到 90%，也能保持较高的输出性能。此外，该团队首次设计了反向旋转结构来使电极和滑动层之间的相对旋转速度加倍，从而增加电能输出。基于该机制，在同等环境条件下其输出电流提高了 36.6%。最后，通过收集风能和水流能，构建了基于 FB-TENG 的自驱动自动灌溉、气象监测和无线水位预警的多功能管理系统。

Qin 等采用折叠的还原氧化石墨烯薄膜和聚偏二氟乙烯 -HFP 纳

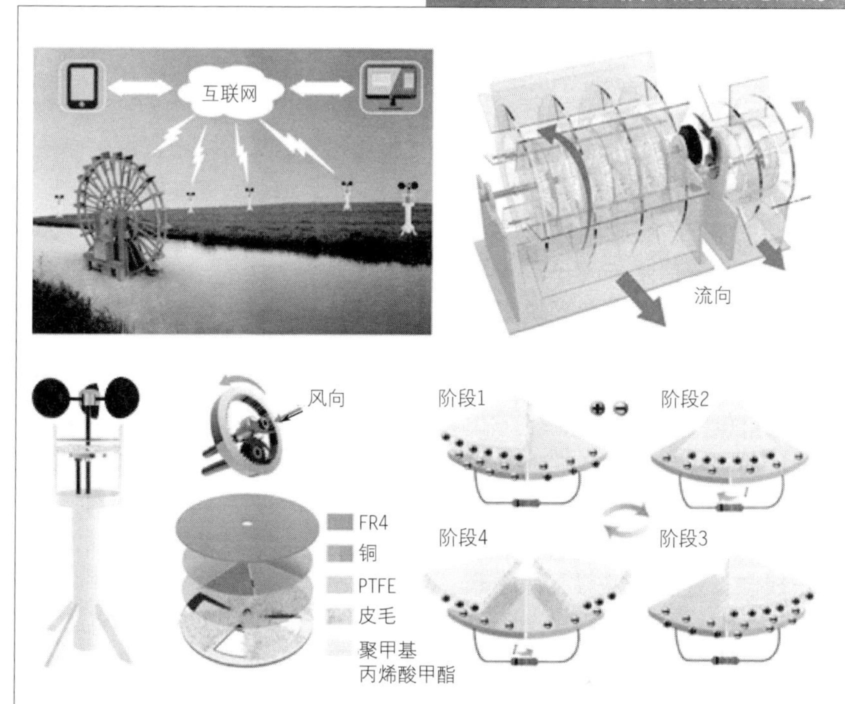

图 5-13　FB-TENG 的应用、架构和工作机制示意图

米纤维薄膜作为电极和带电层，研制了一种自供电、高伸缩性单电极摩擦纳米发电机（CN-TENG）。这种基于摩擦起电和静电感应耦合效应的纳米发电机，与垂直接触分离模式纳米发电机相比，厚度更薄，成本更低，在保证人体舒适性的同时，实现高输出效率。其纳米发电膜可通过改变弹性体的预应变控制起皱程度，随着拉伸应变的增加，CN-TENG 的输出显著提高，在拉伸应变为 150% 的情况下，可获得最大输出值，最大输出电压和电流为 300V 和 7μA，在外力作用下可连续工作 1600 个周期，长期使用时输出电流保持在 1.6μA，具有高伸缩性且电输出稳定。该设备可用于驱动 30 个串联 LED，并具有稳定的供电能力。结果表明，该 CN-TENG 是一种经济、简单的能源设备，可以实现对机械能的采集和自供电运动探测，并且在可穿戴电子设备领域具有非常大的应用潜力。

5.4.5 柔性屏幕

柔性电子技术目前已经广泛应用于许多行业，尤其是柔性电子显示器、柔性传感器、有机发光二极管（OLED）、薄膜太阳能电池板、印刷 RFID 等方面的应用，更是印证了柔性电子材料的发展未来可期。从理论上来说，柔性电子技术可以让任何物品“带屏”，从而使其成为一个可以与人实现深交互的智能设备。2018 年 10 月末，柔宇科技发布了全球第一台柔性屏幕折叠手机。随后华为和三星也发布了柔性屏幕折叠手机，柔性屏幕（AMOLED）对比传统的液晶显示（LCD）产品，具有更轻薄、色彩丰富、响应速度快和功耗低等特点。2021 年，柔宇科技官方发布新品折叠屏手机 FlexPai 2，如图 5-14 所示。纳米银线作为大尺寸、柔性屏幕的理想材料报道层出不穷，但尚未看到完整的实体屏幕。目前，人们倾向的柔性替代材料是碳纳米管、石墨烯、纳米银线以及金属网格等，其中产业化应用效果最好的是纳米银线、石墨烯。柔性屏幕的成功量产不仅重大利好于新一代高端智能手机的制造，还因其低功耗、可弯曲的特性对可穿戴设备的应用带来深远的影响，未来柔性屏幕将随着个人智能终端的不断发展而广泛应用。尽管柔性电子材料的诞生历史只有 20 多年，但它所显示出的发展前景足以让人震惊。相信在不久的未来，柔性电子材料将不断刷新人们的认知，

图 5-14 柔宇科技可折叠屏手机的柔性屏幕

当“万物皆可交互”时，科学的发展与信息的传递将会实现一个质的飞跃。

青岛能源所李朝旭研究员带领的仿生智能材料研究组在纤维素 NFs、甲壳素 NFs、蚕丝 NFs 等水分散液中超声液态金属（LM），得到稳定分散的 LM 微 / 纳米液滴。常温常压下干燥、烧结 LM 微 / 纳米液滴能够形成连续的液体金属导电薄膜。其中，上述生物基 NFs 的作用分为三个方面：①丰富的亲水基团（例如羟基、羧基等），可以在超声过程中与 Ga^{3+} 交联，降低液态金属的粒径和增加液态金属液滴的胶体稳定性；②在蒸发过程中产生很高的毛细作用力，进而破坏 LM 微 / 纳米液滴外面包覆的壳层；③增大液态金属层对基底的黏附力，使其稳定附着在玻璃、聚对苯二甲酸乙二酯（PET）、苯乙烯 – 乙烯 – 丁烯 – 苯乙烯嵌段共聚物（SEBS）、聚二甲基硅氧烷（PDMS）、油纸等多种材质表面。基于蒸发烧结制备的薄膜或者涂层材料具有柔性、高反射率、可伸缩导电性（伸长率达 200%）、良好的电磁屏蔽效果、生物降解性和对湿度 / 光 / 电具有超快刺激响应性等特点，可广泛应用于微电路、传感器、可穿戴设备和柔性机器人等柔性电子学领域。

5.5　水体净化领域

水是生命之源，工业迅猛发展以及人口急剧增长引起严重的水体污染问题，如何处理来自工业（如冶金、采矿、化工、制革、电池等）、核能、农业、航运等不同领域的污染废水是目前亟须解决的问题。目前，常用水污染处理材料有活性炭、膨润土、硅藻土、粉煤灰、树脂等，但它们普遍存在价格昂贵、处理速度慢、循环使用性差、对亲水性污染物去除效率差、处理污染物种类单一、吸附容量小、易造成二次污染、易氧化等问题。在全球资源与能源危机背景下，以植物纤维素生物质为原料，经功能化处理制备特殊润湿性（超亲水 – 水下超疏油性、超疏水 – 超亲油性、Janus 型超浸润性、智能响应型超浸润性等）新型生物质复合滤膜与吸附材料用以去除废水中重金属离子、微生物、有机物染料、油污等污染物，无疑对生态保护、资源回收与再利用有着重大而积极的意义。

5.5.1 油水分离

废水中的油污主要来源于石油、化工、钢铁、焦化、煤气发生站等工业部门，其质量浓度一般为 5000 ~ 10000mg/L。这些油污多漂浮于河流与海洋表面形成油膜致使水体缺氧，造成水生生物大量死亡，即使被冲到海滩，也会对海滩上的生物造成严重危害。膜材料对含油废水具有良好的处理效果，其孔隙结构十分有利于油水乳化液的破乳。在油水混合液的过滤与分离过程中，固体材料的润湿性能起着决定性作用，特殊润湿性材料更是成为该领域发展的加速器，而制备特殊润湿性材料的关键，即在基材表面仿生构建微 / 纳米分级结构并利用低 / 高表面能物质进行修饰，或直接利用低 / 高表面能物质在基材表面仿生构建微 / 纳米分级结构。由于植物纤维素生物质材料表面—OH、—NH_2 等亲水基团的存在，可以通过进一步负载纳米材料得到超亲水 - 水下超疏油性生物质纳米复合材料；或者脱除生物质中的木质素组分再进行聚合物回填、硅烷化处理获得超疏水 - 超亲油性生物质纳米复合材料，继而达到高效、高精度、高度可控地分离油水的预期目标。

以木材为例，除了富含羟基的纤维素，还存在木质素和半纤维素，它们同样含有一定的—NH_2、—OH 基团，表现出良好的亲水性，当木材用水浸润时，会形成一层亲水阻油的水膜。当油水混合液进一步滴在木材表面时，混合液中的水将与水膜相融合，而将油排除在外，从而表现出水下超疏油性。Blanco 等直接以 1mm 厚的云杉木在重力作用下进行高通量（$3500\ L \cdot m^{-2} \cdot h^{-1}$）与高效率（$> 99\%$）简单油水混合液的分离处理。利用 Ag NPs 负载木材可以进一步提高木材表面的亲水性，继而制备超亲水 - 水下超疏油性木质纳米复合材料。王浩等利用一步水热法制得 Ag NPs/Wood 膜，研究发现，Ag NPs 的负载增加了木材的微 / 纳米粗糙程度，更有利于水包油乳化液的破乳，即使油水分离循环使用 10 次，其水包油乳化液分离效率依然大于 90%，且在 5min 内，该材料对亚甲基蓝（MB）催化降解率为 97.21%，具有良好的稳定性与高效性。Zhao 等通过聚甲基硅氧烷（PDMS）赋予木材超疏水性(与水接触角可达 153°)，PDMS 改性木材具有很好的吸油性能，同时对油水混合物、油水乳化液和油盐混合液具有良好的分离效果。

保留纤维素基本框架，选择性去除半纤维素和木质素，可以制得高孔隙率、低密度的层级多孔模板，使木材转化为多孔吸附材料。Fu 等利用 $NaClO_2$ 溶液将轻木中的木质素脱去，冷冻干燥，获得具有高亲水、疏油性能的多孔脱木质素木材模板。将该模板进行环氧树脂 / 胺 / 丙酮溶液浸渍、固化后，制得一种保留轻木独特孔道结构的疏水 - 亲油性木质复合产品（图 5-15）。该产品展示了突出的抗压缩强度（263 MPa）和吸油效果（15g/g），而且能够同时吸收水面和水底的油污。王开立等在脱木质素木材膜单面涂覆十八硫醇溶液，经紫外线辐射诱导制得具有单向水运输能力的 Janus 型特殊润湿性木膜，适用于选择性分离轻油 / 水和重油 / 水的混合物（分离效率均高于 99.3%）。

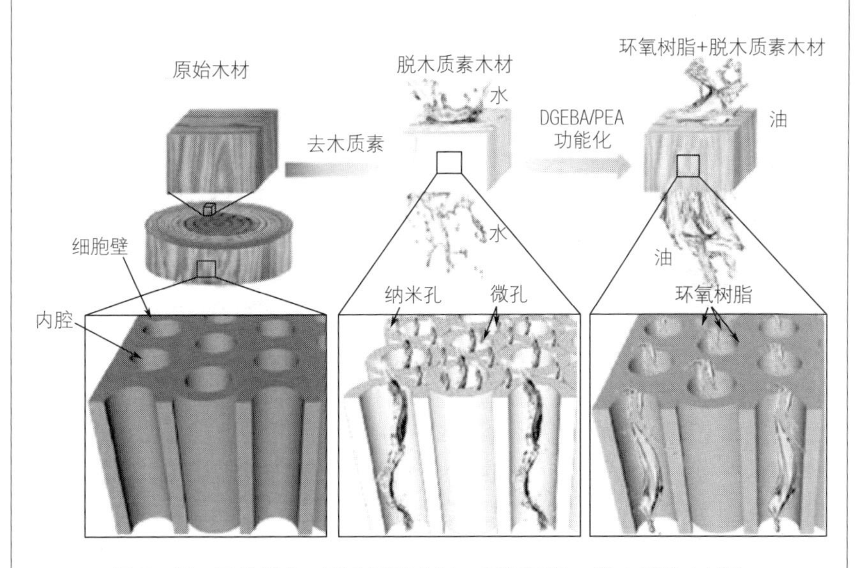

图 5-15 天然轻木、脱木质素木材、环氧树脂 + 脱木质素木材的油水分离示意图

Guan 等选择性去除木质素和半纤维素后未做进一步填充处理，直接制得高度多孔的疏水性木质海绵，再经甲基硅烷化改性，获得机械弹性增强的疏水性甲基硅烷化“木质海绵”（SWS）。优良的力学性能以及低密度、高孔隙度和疏水亲油的特性，赋予“木质海绵”高达

41g/g 的吸油能力以及优秀的再循环能力，而且组装后的过滤器可以从水中连续分离含油污废水，其通量高达 84.7 $L \cdot h^{-1} \cdot g^{-1}$。东北林业大学王成毓教授课题组利用脱木质素、半纤维素木膜，原位辅助修饰光热材料（石墨烯）与透明疏水材料，制得一种压缩回弹性优良的光热复合气凝胶。利用原油黏度随温度升高而降低的特性增加原油流动性，以及天然木材气凝胶孔道的毛细力作用，实现对流动性原油的收集，其饱和吸附量可达 $0.801g \cdot cm^{-3}$。该气凝胶的透明疏水涂层赋予其对油相的选择吸附性，能够同时实现不同温度下原油相的智能性浸润效果，而且该材料可压缩循环再生的特殊结构，可使其吸附的原油通过简单的机械挤压释放、收集，能够重复使用 10 次以上，且其饱和吸附量与表面疏水性未发生明显的衰减。

纤维素是一种富含羟基的天然聚合物，具有良好的亲水性、纤维结构和可再生性。所获得的纤维素纸具有柔韧性及良好的空气和液体渗透性，并显示出优异的超亲水 – 水下超疏油性能。因此，作为基底，纤维素纸在分离和保护方面表现出广泛的应用前景。笔者以该超亲水 – 水下超疏油性纤维素纸作为底层，然后将 PU、PVDF 和疏水 $-SiO_2$ 纳米颗粒通过高压喷涂和静电纺丝技术作为顶层依次进行表面负载，制备 Janus 特殊润湿性 PVDF/MTMS/ 纤维素纳米复合薄膜（图 5–16），即正面具有超疏水性（空气中的 WCA 和 WSA：153° 和 7°）和超亲油性，反面具有超亲水 – 水下超疏油性（OCA 和 OSA 水下：157° 和 5°）。该策略充分利用了 PU、PVDF 和疏水 $-SiO_2$ 的黏附性、疏水性和纳米结构的优势，以及纤维素纸的亲水性和纤维结构（图 5–17）。研究表明，Janus 纤维素纳米复合薄膜可以在重力作用下成功分离油包水乳化液（顶部为正面）和水包油乳化液（顶部为背面），即对各种油水混合物均具有高选择性和高分离效率。此外，该复合薄膜能够克服磨损试验、酸碱漂洗，即使经过 10 次水 / 油乳化液过滤，仍表现出优异的超润湿性、分离效率和薄膜通量。显然，通过该方法，在聚氨酯胶黏剂的存在下，超疏水层已经牢固地黏附到纤维素基底上，为在各种油水分离中的实际应用提供了力学性能和化学性能稳定的薄膜。值得注意的是，Janus 纤维素纳米复合薄膜在排除重力效应的情况下能够完成选择性单向传输，这为油水分离的实际应用提供了一种很有前途的新型薄膜材料。

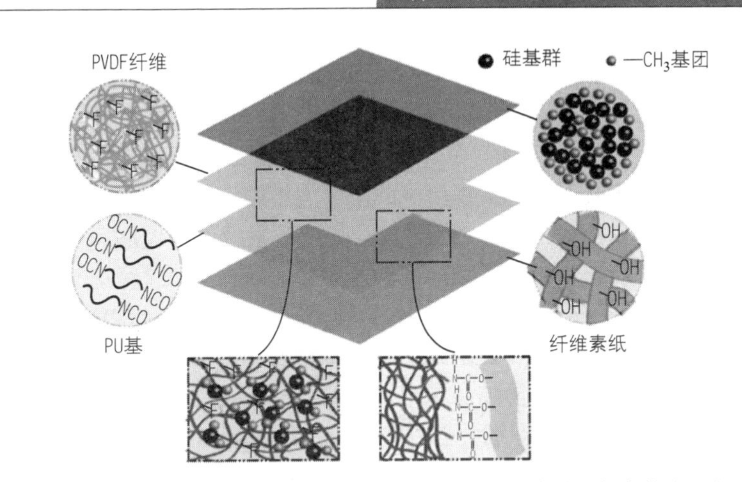

图 5-16　Janus 特殊润湿性 PVDF/MTMS/ 纤维素纳米复合薄膜示意图

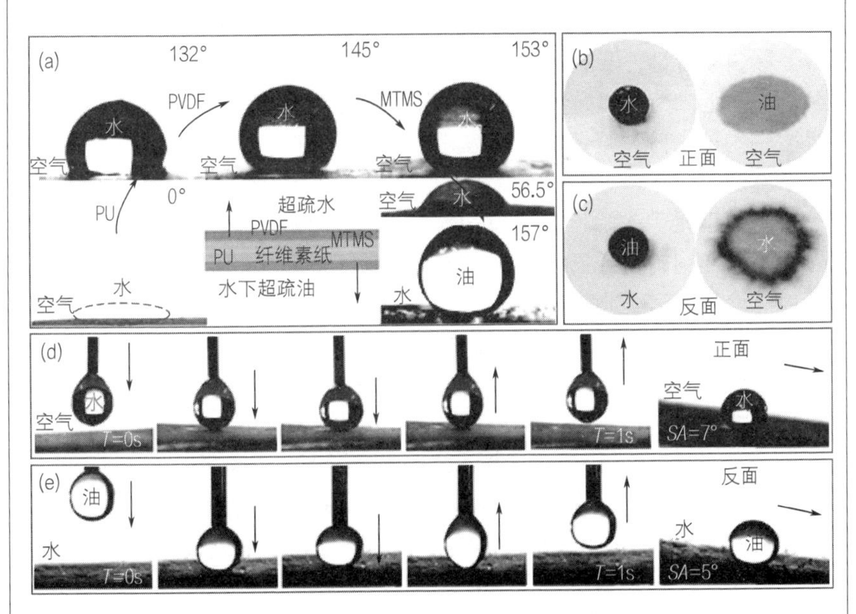

图 5-17　纤维素纸与 Janus 纤维素纳米复合薄膜的油水处理

（a）纤维素纸正反面的静态水油（水下）接触角（在每次喷涂处理前后）；（b）、（c）水滴和油滴浸入 Janus 纤维素纳米复合薄膜的正面和反面；（d）、（e）Janus 纤维素纳米复合薄膜的正面和反面的动态水和油（水下）接触角图像

5.5.2 消毒杀菌

据世界卫生组织统计，每年约 160 万人因缺乏安全饮用水和基础卫生设施而死于腹泻疾病。饮用水的杀菌消毒处理能够有效预防疾病通过水介质传播。20 世纪初，化学消毒法被普遍应用，但后来研究者发现化学消毒剂会与水中污染物形成副产物，依然会给人体带来一系列健康问题。据此，不产生有毒副产物的物理消毒技术与新型绿色、高效的抗菌材料的研发成为当今的研究热点。木材的孔道结构对体积较大的菌落具有天然屏障作用，再结合具有抗菌能力的纳米粒子，如银纳米粒子（Ag NPs），可以制得细菌去除能力突出的超亲水－水下超疏油性木材水体过滤器。例如，Ag 通过内吞途径以颗粒形式进入细菌等微生物细胞并持续释放 Ag^+，而这些 Ag^+ 会破坏细菌等微生物细胞的 DNA 分子与细胞合成酶（Ag^+ 导致 DNA 分子产生交联，或催化形成自由基，致使蛋白质变性，抑制 DNA 分子上的供电子体，使 DNA 分子链断裂；Ag^+ 与细胞内的巯基、氨基结合，破坏细胞合成酶的活性），这使细菌等微生物丧失分裂繁殖能力而致死，待其死亡，Ag^+ 又会游离出来，重复杀菌。

Boutilier 等去除松树树枝的树皮，选取运输组织丰富的木质部插入导管中，利用木材自身结构的物理屏障制备了废水过滤器。研究表明，该过滤器能有效滤除水中的细菌，对细菌的去除率超过 99.9%。研究表明，过滤除菌过程主要发生在木材木质部的前 2 ～ 3mm 部分；平均 $1cm^2$ 的过滤区域，每天可以获得约 4L 的净化水，可以满足一个人的正常饮用水需求。Che 等通过在木材孔道中原位合成 Ag NPs，制备了抗菌性 Ag NPs/Wood 过滤器。结果显示，当该过滤器中的 Ag NP 质量分数为 1.25%时，除了能够有效去除水中的大肠杆菌（6.0 个数量级）和金黄色葡萄球菌（5.2 个数量级），而且还可以有效去除阳离子水溶性有机染料亚甲基蓝（MB，98.5%）。相较于常见的水体杀菌消毒方法（氯杀菌、紫外线消毒、膜过滤等）存在致癌副产物、成本高、维护困难等问题，Ag NPs/Wood 过滤器具有高效、简单、稳定、成本低、绿色环保等特点。纤维素与壳聚糖具有相似的分子结构，很容易与其他物质接枝共聚。壳聚糖是阳离子聚合物，具备弱抗菌活性，纳米纤维素是阴离子聚合物。壳聚糖与纳米纤维素共混可以制备纳米复合材料，两者在水溶液中相互作用，自发形成聚电解质复合物，实现性能优异的复合薄膜的自组装。另外，由于两种材料表面都含有大量的羟基，所以两者的复合材料具有超亲水性。

据此，笔者联合减压抽滤与冷冻干燥技术制备了两种特殊润湿性 CNF/CS/Ag@TiO_2 复合薄膜，通过加入 Ag@TiO_2 NPs，加强复合薄膜的抑菌性能。研究结果显示，对于超亲水－水下超疏油性 CNF/CS/Ag@TiO_2 复合薄膜，水下 OCA 最大为 159°，滚动角为 5°，油滴于其表面落下并弹起的时间为 1s。水包油乳化液经超亲水－水下超疏油性 CNF/CS/Ag@TiO_2 复合薄膜过滤后，白浊的乳化液转为澄清，油滴在光学显微镜下消失，油水分离效率最大为 98.48%。对于超疏水－超亲油性 CNF/CS/Ag@TiO_2 复合薄膜，WCA 最大是 150°，滚动角为 5°，水滴于其表面落下并弹起的时间为 3s。水上和水下的油可以快速被超疏水－超亲油性 CNF/PVA/Ag@TiO_2 复合薄膜吸附，时间分别在 5s 和 3s 以内，表明其优异的吸油性能。两种特殊润湿性 CNF/CS/Ag@TiO_2 复合薄膜均具有显著的抑菌活性。超亲水－水下超疏油性 CNF/CS/Ag@TiO_2 复合薄膜的抑菌效果明显优于改性后的超疏水－超亲油性 CNF/CS/Ag@TiO_2 复合薄膜，其最高抑菌率可达到 99.98%（图 5-18）。不论是紫外线还是模拟太阳光照射下，CNF/CS/Ag@TiO_2 复合薄膜均表现出优异的有机染料降解能力，对 MB 溶液的降解效率最高可达 96.33%。另外，两种特殊润湿性 CNF/CS/Ag@TiO_2 复合薄膜经不同 pH 值、盐浓度溶液浸泡处理，以及负重摩擦测试，其润湿性能（超亲水－水下超疏油性、超疏水－超亲油性）基本保持不变，即具有突出的耐酸碱、盐、摩擦性能。

电穿孔杀菌技术是将脉冲强电场作用于细菌等微生物，继而破坏其细胞膜（穿孔），细菌通过孔发生物质交换，从而引发细胞膜内外渗透压不平衡，最终导致细菌的死亡，即杀菌过程无有毒副产物的产生。由于该技术的高能耗和高危险性使其在废水处理领域受到一定限制，但研究者发现，在导电材料中引入一维纳米材料（图 5-19）可以解决能耗与安全性问题。杨资等通过浸渍法将 Ag NPs 均匀地负载于木材孔道内部，再经过高温管式炉炭化得到保持天然木材三维孔道结构的 Ag NPs/ 炭化木材膜（3D Ag NPs/WCM）。结果显示，炭化后木材中的

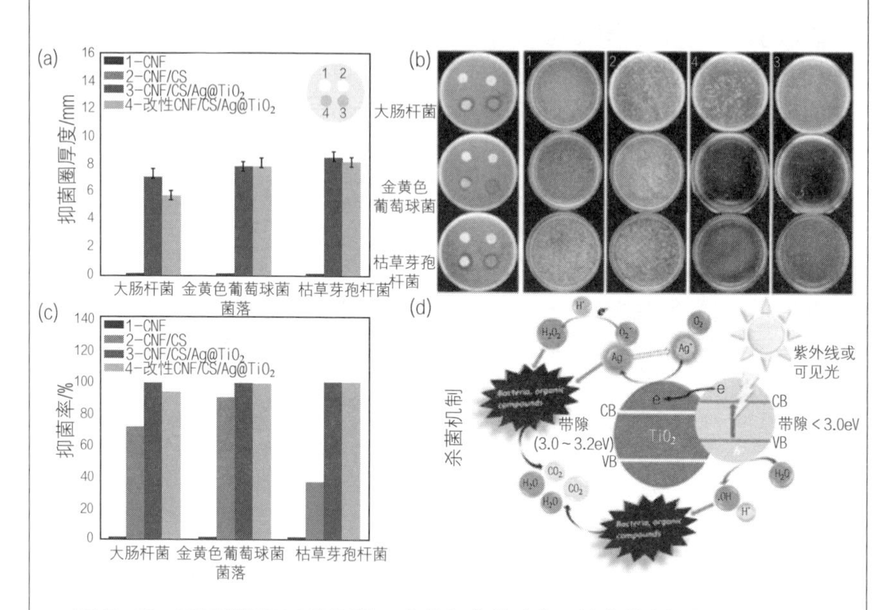

图 5-18　不同样品对大肠杆菌、金黄色葡萄球菌和枯草芽孢杆菌的抑菌作用

（a）抑菌圈厚度；（b）抑菌圈厚度与抑菌率对比照片；（c）不同样品对大肠杆菌、金黄色葡萄球菌和枯草芽孢杆菌的抑菌率；（d）$Ag@TiO_2$ 的抑菌与有机化合物降解机制

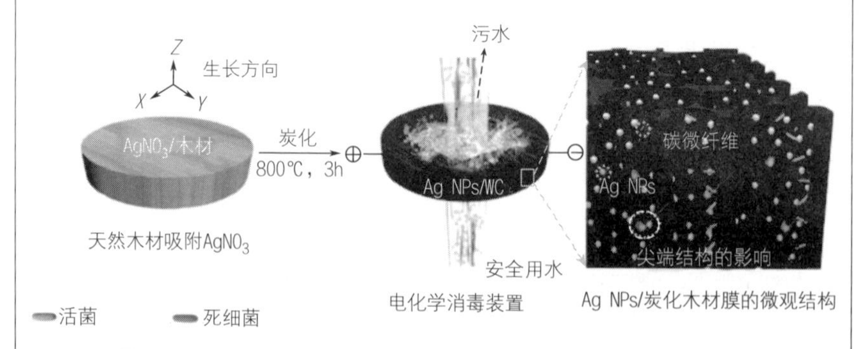

图 5-19　3D AgNPs / 炭化木材膜的合成及其饮用水杀菌示意图

纳米纤维结构更加清晰，施加电压时会使纳米纤维产生尖端放电效应大大增强其周围的电场，从而破坏细菌细胞膜导致其失活。而且电穿孔后，被破坏的细菌细胞膜更加利于炭化木材孔道中 Ag NPs 的入侵，促进杀菌进程，即该 3D Ag NPs/WCM 复合材料可以在低电压（4 V）、低能耗（$2\ J \cdot L^{-1}$）、高通量（$3.8 \times 10^3\ L \cdot h^{-1} \cdot m^{-2}$）条件下使用，且具备良好的杀菌性（去除率超过 99.999%）与稳定性（连续使用 12h 后，性能没有明显下降）。与传统电穿孔杀菌技术相比，该材料避免了高能耗，减少了操作的风险，是一种绿色、经济、高通量的水处理杀菌材料。

5.5.3　有机染料去除

印染废水中含有大量有机染料，是极难处理的工业废水之一，具有颜色深、化学需氧量（COD）高、生物需氧量（BOD）高、成分复杂多变、排放量大、分布广、难降解等特点，若不经处理直接排放，将给生态环境带来严重危害。目前，有机染料的常用去除方法包括生物法、电化学法、化学氧化法、化学混凝法、物理吸附法、膜分离法、磁分离法、超声波法等。木材天然、丰富的三维孔道结构对废水中的有机染料有着很强的物理吸附作用。印染废水流经木材孔道时，其流体力学效应增强，在木材孔道内部负载功能纳米材料或者接枝官能团，可以增加有机染料与孔道内部纳米材料或者官能团的接触时间与机会，继而进行吸附、催化、降解以提高废水中有机染料的去除效率。

Chen 等通过水热法在椴木孔道内部原位合成了 Pd NPs，继而制得 Pd NPs/Wood 膜，其中，具有丰富羟基的纤维素可以固定 Pd NPs，木材由开始的黄色转变为黑色，这是由于固定在木材孔道表面的 Pd NPs 产生的等离子效应吸收了大量光线。当废水流经木膜时，废水中的 MB 被 Pd NPs 催化降解，颜色由蓝色变成无色，MB 降解效率大于 99.8%。MOFs 材料和有机染料之间的相互作用可用于处理废水中不同的有机染料。Guo 等以 $ZrCl_4$、对苯二甲酸和乙酸为前驱体，采用水热反应法在木材三维孔道中原位合成 UiO-66 MOF 纳米颗粒，得到 UiO-66/Wood 膜。根据实际需要改变 UiO-66/Wood 膜的大小和层数可以得到用于废水处理的 3D MOF/Wood 薄膜过滤器（图 5-20）。

实验表明，三层木材膜组装的过滤器的处理速率为 $1.0 \times 10^3 L \cdot m^{-2} \cdot h^{-1}$ 时，阳离子水溶性有机染料罗丹明 6G（Rh6G）、普萘洛尔、双酚 A 的去除率均超过 96%，为该领域提供了一种快速、多效、可循环的去除有机染料的方法。

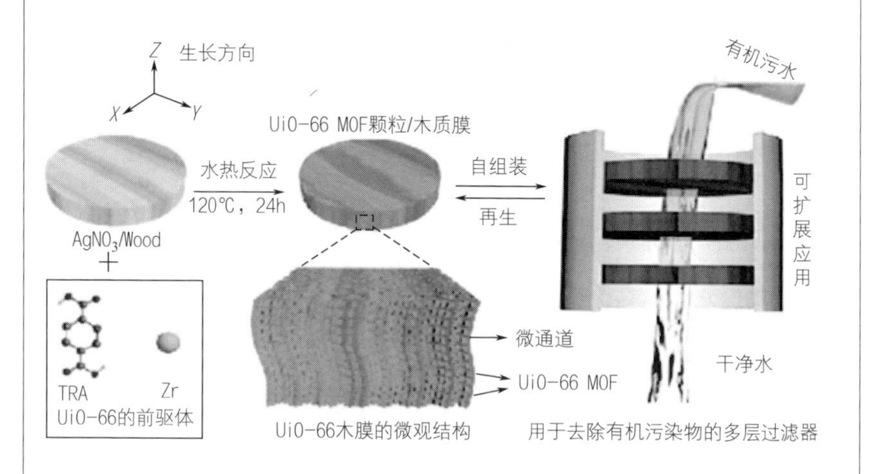

图 5-20 UiO-66/Wood 膜的组装及其水处理示意图

Wang 等以 3- 氯 -2- 羟丙基三甲基氯化铵为单体，接枝改性硬木制得阳离子接枝改性木片，用来吸附处理废水中的阴离子水溶性有机染料活性红 X-3B。结果显示，接枝率为 8.9%、pH 值为 10.8、过滤速率为 $9.36 \times 10^4 L \cdot m^{-1} \cdot h^{-1}$ 时，改性木片对于活性红 X-3B 的脱色率保持在 90% 以上。Goodman 等采用真空浸渍法将木质素处理后的石墨烯纳米片固定于多孔椴木中，制备 GnP 木质过滤器。研究表明，水通量为 $364 L \cdot m^{-1} \cdot h^{-1}$ 时，该过滤器对 $10mg \cdot L^{-1}$ 的 MB 溶液中 MB 的吸附容量高达 $46mg \cdot g^{-1}$。进一步探究发现，通过溶剂交换法可以有效去除使用后的 GnP 木质过滤器中的有机染料从而使过滤器再生，即使重复使用 5 个吸附循环，该材料的处理效率依然大于 80%。通常，实际废水中还共存着水溶性污染物与不溶性油，Cheng 等在轻木中原位合成 Ag NPs 制备了可以同时进行有机染料去除和油水分离的双功能 Ag/Wood 过滤器。研究表明，锚定在木材通道表面的 Ag NPs 充当水中 MB 降解的催化位点，Ag/Wood 的超亲水 – 水下超疏油性能够高效地进行油水分离。仅重力驱动下，水通量为 2600 $L \cdot h^{-1} \cdot m^{-2}$ 时，6mm 厚的 Ag/Wood 过滤器对于 MB 的去除效率可达 94.0%，油水分离效率高于 99%。

5.5.4　重金属离子吸附

由于重金属离子在水中的良好溶解性与稳定性，以及生态系统中的高毒性、不可降解性、生物富集性等特点，相关废水倘若未经处理即排放到外界必将对人类健康与其他生物体安全造成严重危害。目前，从废水中去除重金属离子的常用方法包括化学沉淀、石灰凝结、离子交换、反渗透和溶剂萃取等，但它们普遍存在操作复杂、成本较高等问题。因此，对重金属离子使用吸附剂进行处理成为水体深度净化的理想选择，而作为吸附剂应满足以下标准：① 成本低廉且可重复使用；② 吸收和释放过程有效且迅速；③ 对重金属离子的吸收和释放过程应具备选择性，以及经济可行性。

木材是一种孔道结构独特的多基配位体，能够通过吸附废水中的多种重金属离子污染物以净化水体：

① 木材（W）表面的 O^-、COO^- 会与重金属离子（M^{n+}）产生化学反应：

$$nW—O^- + M^{n+} \longrightarrow M(W—O)_n$$

$$nW—COO^- + M^{n+} \longrightarrow M(W—COO)_n$$

② 木材表面的—OH、—NH、—OCH_3、—C═O 中的极性键负极会与重金属离子之间发生静电吸引：

$$W—\underset{\substack{|\\ H^{\delta+}}}{O^{\delta-}} + M^{n+} \longrightarrow W—\underset{\substack{|\\ H^{\delta+}}}{O^{\delta-}} \cdots M^{n+}$$

$$W—\underset{\substack{|\\ H^{\delta+}}}{N^{\delta-}} + M^{n+} \longrightarrow W—\underset{\substack{|\\ H^{\delta+}}}{N^{\delta-}} \cdots M^{n+}$$

$$W—\underset{\substack{|\\ \delta^{+}CH_3}}{O^{\delta-}} + M^{n+} \longrightarrow W—\underset{\substack{|\\ \delta^{+}CH_3}}{O^{\delta-}} \cdots M^{n+}$$

$$W—C^{\delta+}═O^{\delta-} + M^{n+} \longrightarrow W—C^{\delta+}═O^{\delta-} \cdots M^{n+}$$

③ 木材表面的—OH、—COOH 会与重金属离子之间发生离子交

换，H^+ 将被释放到水中：

$$nW—OH+M^{n+} \longrightarrow M(W—O)_n+nH^+$$

$$nW—COOH+M^{n+} \longrightarrow M(W—COO)_n+nH^+$$

为了提高木材作为吸附剂的吸附容量、吸附效率与选择性，可以进一步在其孔道内部接枝其他官能团或者负载无机纳米材料。杨资等利用巯基（—SH）修饰轻木制得巯基功能化木膜（SH—Wood），将其作为多位点金属捕集器应用于废水处理。但由于非均相改性导致木膜内部—SH 基团分布不均匀，需通过多层组装增加—SH 基团与重金属离子的接触机会，而 SH—Wood 装置的多层叠加设计正好方便替换饱和吸附层（图 5-21）。结果显示，组装三层的 SH—Wood 膜（每层厚度 5mm）可以在水处理速率为 $1.3\times10^3L\cdot h^{-1}\cdot m^{-2}$ 时，对 Cu^{2+}、Pb^{2+}、Cd^{2+}、Hg^{2+} 的去除率达 95.5% 以上，对应最大吸附容量分别为 $169.5mg\cdot g^{-1}$、$384.1mg\cdot g^{-1}$、$593.9mg\cdot g^{-1}$、$710.0mg\cdot g^{-1}$；而经 SH—Wood 装置处理后的水体，其重金属离子浓度降低至符合世界卫生组织饮用水标准 [$\rho(Cu^{2+})\leqslant 1mg\cdot L^{-1}$，$\rho(Pb^{2+})\leqslant 0.01mg\cdot L^{-1}$，$\rho(Cd^{2+})\leqslant 0.003mg\cdot L^{-1}$，$\rho(Hg^{2+})\leqslant 0.001mg\cdot L^{-1}$]。经进一步研究发现，该 SH—Wood 膜可重复使用至少 8 次，废水处理成本约为每吨 7 元，具有良好的经济实用潜力。

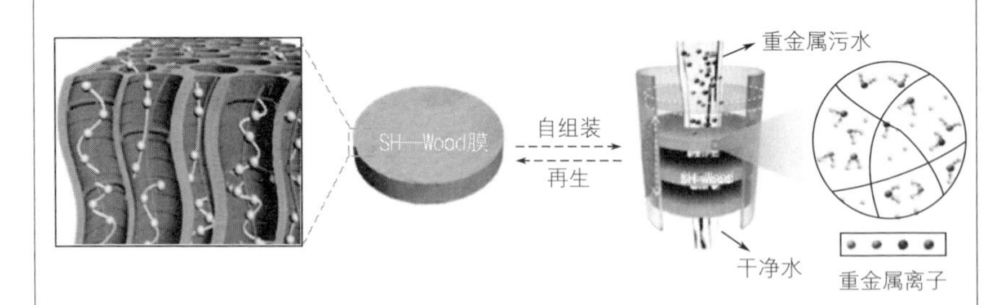

图 5-21 SH—Wood 膜去除废水中重金属离子的示意图

蔡晓慧等采用溶剂热法将一种具有光催化活性的金属 - 有机框架（MOFs）材料 UiO-66-NH_2 原位合成于木材孔道内部，制备 UiO-66-NH_2/Wood 复合滤膜。将三层复合滤膜组装在一起进行过滤试验，对于含有 Cu^{2+}、Hg^{2+} 的模拟废水的处理速率为 $1.3\times10^2L\cdot m^{-2}\cdot h^{-1}$，

对 Cu^{2+}、Hg^{2+} 的去除率均为 90% 以上，且处理后的水体能达到饮用水标准。王然然等以松木为模板，通过浸渍 – 煅烧法仿生制备金属氧化物（NiO 和 NiO/Al_2O_3），研究表明，NiO 和 NiO/Al_2O_3 对含有 Pb^{2+} 的模拟废水均具有较好的吸附效果，其去除率均可达 99% 以上。Vitas 等通过优化酸酐酯化反应条件制备了—COOH 基团改性山毛榉木，研究发现，该产品可作为生物吸附剂去除 95% 的 Cu^{2+}（溶液浓度为 100 ~ 500mg · L^{-1}）。Ahmad 等将木屑研磨成粉（粒度为 100 ~ 150μm），然后利用甲醛进行甲基化反应，洗涤干燥后制得吸附剂。研究表明，该吸附材料在 pH 值为 6.6 的水体环境中，对 Cu^{2+} 最大去除率为 99.39%；在 pH 值为 7.0 的水体环境中，对 Pb^{2+} 最大去除率为 94.61%。pH 值过高或过低均会使该材料吸附能力下降，这是由于离子交换和氢键是该吸附材料去除重金属离子的关键，即在较低 pH 值的水体环境下，H^+ 与重金属阳离子竞争吸附材料上的吸附点位；在较高 pH 值的水体环境下，OH^- 会与重金属阳离子形成可溶性羟基络合物，从而减弱重金属阳离子与吸附材料之间的静电作用。

5.6　健康监测领域

5.6.1　柔性电子可穿戴设备

柔性电子可穿戴设备在运动监测、个性化医疗和康复训练等领域崭露头角，尤其是基于智能纤维材料制备的可穿戴设备。对于运动、感觉功能障碍的周围神经损伤患者，开发可穿戴设备，在康复训练过程中实时监测其关节状态和周围温度刺激，可保护其免受二次损伤。纤维材料从结构维度方面，可以分为零维纤维、一维纱线、二维织物和三维织物；从制备工艺方面，又可以分为编结、针织、编织和非织等方法制备的纤维，如图 5–22 所示。

西安交通大学李菲教授团队采用简单一步“挤面条”法制备尺寸、导电性能可调的多壁碳纳米管 / 聚二甲基硅氧烷（MWNTs/PDMS）纤维材料，并开发了可识别和传输手指灵活度、手势和温度的功能芯片，并集成于商用手套上组成智能手套，如图 5–23 所示。该多功能智能手套可用于手功能受损的康复训练、温度识别和手语的标准化教学等领

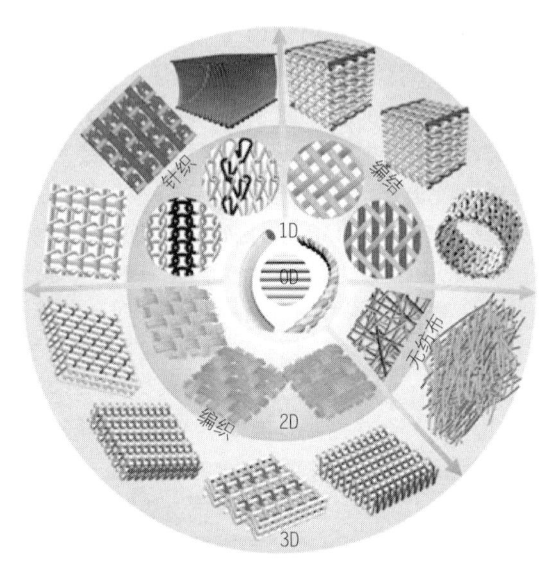

图 5-22　从结构维度和制备工艺两个方面进行纤维材料分类

图 5-23　可用于手指灵活度、手势和温度识别和传输的智能手套示意图

域。西安交通大学刘灏特聘研究员、徐峰教授，香港大学张世铭助理教授以及美国加州大学洛杉矶分校 Ali Khademhosseini 教授合作，开发了可延展的仿生叠覆鳞片结构，并通过基底预拉伸与多步旋涂制备了具有该结构的 PEDOT:PSS 传感器，进一步将传感器贴附于人体表面不同部位，实现了对于脉搏、发声、吞咽、面部表情、肢体运动等不同幅度应变的传感，展现了其应用于可穿戴物理运动监测、心理状态评估的潜力。

5.6.2 可穿戴变色传感器

很多可穿戴设备会通过改变颜色来监测皮肤生理信号，这些信号可以用肉眼直接识别，为患者 / 医生感知刺激提供简单直接的传感 / 映射路径。在过去的十年中，基于变色的健康监测引领了可穿戴设备的发展，这是因为它们与可穿戴电子器件比起来具有很多优点，例如易读取、快速响应、可逆性、低成本和制造程序简单等。由于响应变色材料在外部刺激（例如机械力、湿度、光、电压及温度）下可产生肉眼可见的颜色变化，可将其用作传感元件去监测表皮生理信号。西安交通大学徐峰教授团队总结了一系列可以在温度、pH 值、光和电场等因素刺激下变色的材料，将其集成在可穿戴表皮传感器上，用于健康监测。探索传感部件和基底材料，将多个传感元件与不同结构结合，通过简便的方法实现对皮肤生理信号的高灵敏度监测，从而开发出新型可穿戴变色传感器，实现多个生理信号同时监测，全面了解身体健康状况，如图 5-24 所示。

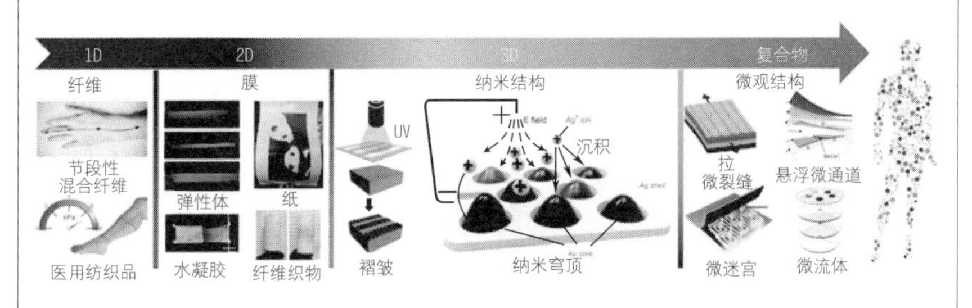

图 5-24 可穿戴变色传感器设计策略示意图

监测人体各项生化指标可为疾病筛查、诊断及健康管理提供重要信息。人的体液（如血液等）中富含代谢物、电解质等化学成分，是健康监测的有效来源。血液检测作为临床生化分析的金标准，具有准确性高的优势，但有创的检测方式却极大降低了用户的依从性，影响了长期监测的可行性。随着柔性电子技术的快速发展，基于电化学检测原理的柔性生化指标监测平台成为研究热点，实现了对汗液、唾液、泪液等液体中相关指标的检测，但这些分泌的液体和血液之间成分不同，并且检测滞后、表皮污染等问题限制了其实际应用。西安交通大学李菲教授和徐峰教授研究团队开发了一种由水凝胶微针贴片制备的真皮文身生物传感器，用于多种健康相关的生化指标的同时监测。该传感器的制备模拟真皮文身的形成过程，可溶性透明质酸制备的微针贴片作为“文身枪”，微针贴片分隔成独立的四个区域，每个区域的针尖装载了不同的检测试剂，微针刺入皮肤后针尖溶解，检测试剂被释放至真皮层，形成能同时检测四种目标物的智能文身。为验证该水凝胶微针贴片生物传感器的多目标物检测能力，该团队同时检测了四种典型的慢性病相关的生物标志物（pH 值、葡萄糖、尿酸和体温），通过微针贴片将比色反应试剂注射到真皮中，形成真皮文身生物传感器。该生物传感器对 pH 值、葡萄糖、尿酸和体温的变化表现出颜色变化，可直接用肉眼读取并进行定性检测，也可用手机摄像头捕捉色调变化实现半定量分析（图 5-25）。

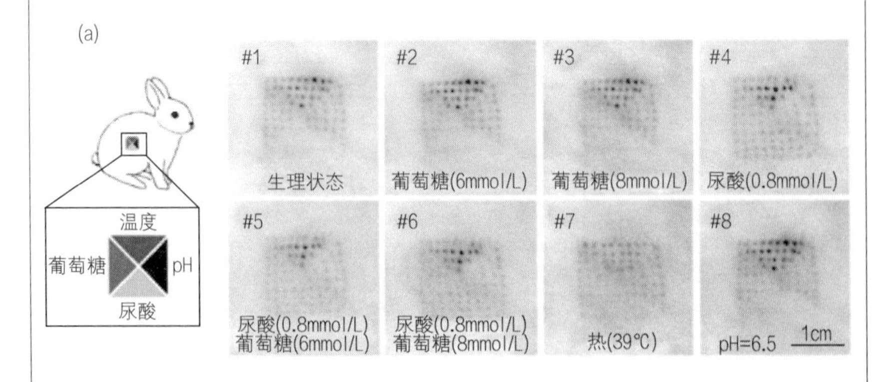

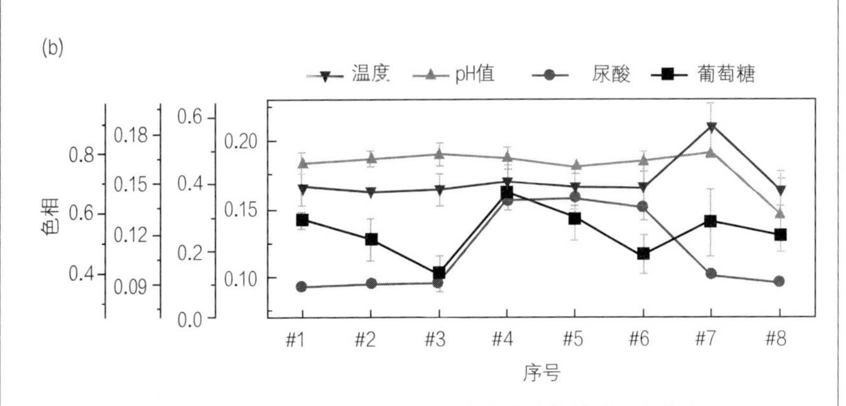

图 5-25　使用基于微针贴片的真皮文身生物传感器在体内同时检测四种生物标志物

（a）用微针文身生物传感器在体内同时检测多种生物标志物的比色检测结果；（b）用色调值分析（a）中的图像的颜色

5.7　其他研究与应用

随着荧光成像技术的不断发展，具有灵敏度高，选择性好，响应快速并可实现实时、原位检测等优点的荧光探针在食品安全、环境监测、生物成像、疾病诊断等领域的研究取得了显著成效，展现了巨大的应用潜力。桂林理工大学刘红霞教授团队与华南理工大学王朝阳教授团队合作，利用 CNF 稳定的 Pickering 乳液凝胶技术结合冷冻干燥方法，开发出了一种新型 CNF/ 聚合物（非水溶性）复合气凝胶。如图 5-26 所示，先将非水溶性聚合物溶解在油相 1， 2- 二氯乙烷（DCE）中，与 CNF 的水分散液混合，经超声乳化作用后，CNF 稳定地吸附在含有聚合物的 DCE 液滴表面，同时高长径比的 CNF 通过相互缠结及分子间氢键作用在水相形成交联网络结构，形成 Pickering 乳液凝胶，经进一步冷冻干燥，即得到 CNF/ 聚合物复合气凝胶。与纯 CNF 气凝胶相比，复合气凝胶具有相似多孔结构、极低密度和高孔隙率。与之不同的是，复合气凝胶的孔壁结构中除了 CNF 之间的氢键作用外，由于聚合物的引入而产生了更强的黏结作用，因而明显提高了复合气凝胶的尺寸稳定性和力学性能。

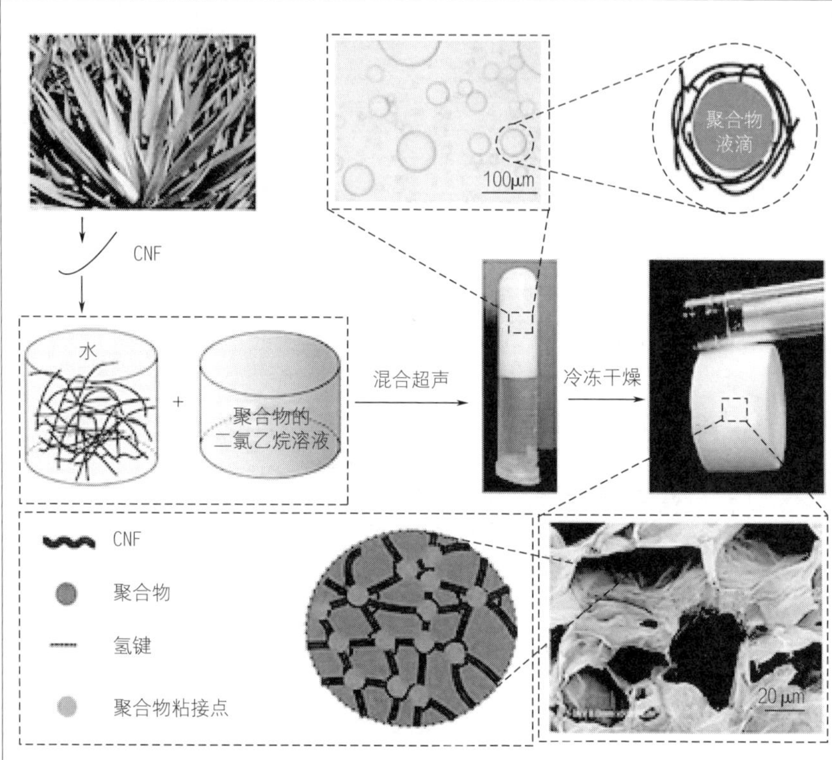

图 5-26　结合 Pickering 乳液凝胶技术与冷冻干燥方法制备 CNF/ 聚合物复合气凝胶

人工肌肉类似于生物肌肉，它可以通过外部的电场改变材料的内部结构而伸缩、弯曲、收紧或扩张，从而模仿人体的生理活动，因此在仿生学中有着广泛的应用。Liu 等以不同层数的碳纳米管包裹预牵伸的 SEBS 橡胶纤维，然后释放 SEBS 橡胶芯，从而得到一种超弹性导电纤维。如图 5-27 所示，当拉伸的橡胶芯释放张力恢复原状后，缠绕在其表面的 CNT 形成多级褶皱结构，实现了弹性纤维拉伸过程中稳定的电学性能。该材料的最大伸长量为其自身长度的 14 倍，并可在拉伸 10 倍的情况下保持不超过 5% 的电阻变化。而通过改变碳纳米管层数，可使纤维在很大的应变范围内获得高线性度和高灵敏度，在拉伸到 9.5 倍长度下快速、可逆地增加到 8.6 倍电容，电容变化与长度变化呈线性比例（比例常数为0.91），且其电阻也会随着拉伸而升高，最高可增加到8.6倍，可供“改装”成电动人工肌肉纤维，用于控制人工肌肉的肌肉行程。该材料具有大形变、高稳定性等诸多优良特性，使其在太空中的变形结构、机器人手臂、达到极限的外骨骼等领域有极大的应用前景。

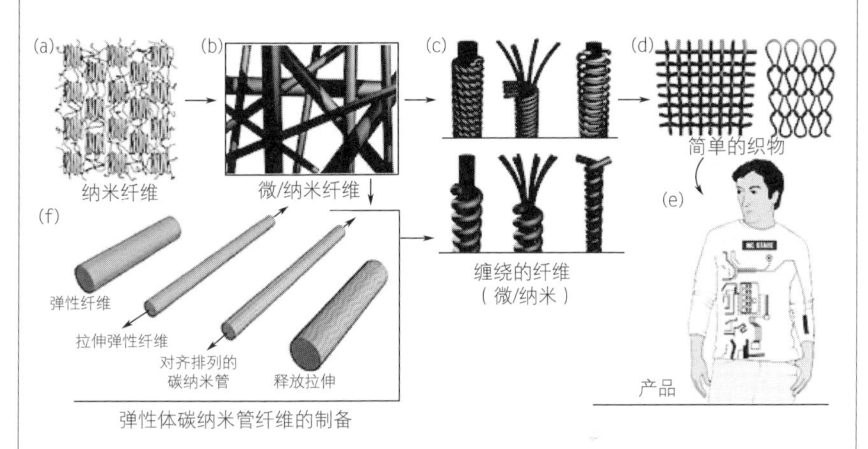

图 5-27　分层结构的纺织品以及其作为柔性电子产品的潜在应用

参考文献

[1] 李坚，孙庆丰，王成毓. 木材仿生智能科学引论［M］. 北京：科学出版社，2018.

[2] 江雷. 仿生智能纳米材料［M］. 北京：科学出版社，2015.

[3] W. Barthlott，M. Mail，B. Bhushan，et al. Plant surfaces：structures and functions for biomimetic innovations［J］. Nano-Micro Letters. 2017，9，116 - 155.

[4] 俞书宏. 低维纳米材料制备方法学［M］. 北京：科学出版社，2019.

[5] 李坚，甘文涛，王立娟. 木材仿生智能材料研究进展［J］. 木材科学与技术. 2021，35（4）：1-14.

[6] 吴义强. 木材科学与技术研究新进展［J］. 中南林业科技大学学报，2021，41(1)：1-28.

[7] 王成毓，孙森. 仿生人工木材的研究进展［J］. 林业工程学报，2022，7(3)：1-10

[8] 马进，胡洁，朱国牛，等. 基于设计形态学的军事仿生机器人研究现状与进展［J］. 包装工程. 2022，43（4）：1-11.

[9] 郭健，潘彬彬，崔维成，等. 基于智能材料的深海执行器及海洋仿生机器人研究综述［J］. 船舶力学. 2022，26（2）：301-313.

[10] Chao Zhang，Baiheng Wu，Yongsen Zhou，et al. Mussel-inspired hydrogels：from design principles to promising applications［J］. Chemical Society Reviews. 2020. DOI：10.1039/c9cs00849g

[11] 杨浩伟，王瑞，郑振荣. 变色龙仿生材料的研究进展［J］. 印染. 2021，11：71-74.

[12] 胡堃，王峻东，杨桂娟，等. 3D 打印智能仿生材料研究进展［J］. 数字印刷. 2020，208(5)：1-15.

[13] 薛子凡，邢志国，王海斗，等. 面向结构健康监测的压电传感器综述［J］. 材料导报. 2017，31(9)：122-132.

[14] 夏磊，汤清伦，韦炜. 纤维基柔性可拉伸电子器件的研究进展［J］. 棉纺织技术. 2022，50(04)：73-77.

[15] 李政阳，王彦正，马天雪，等. 智能压电声子晶体与超材料研究现状与展望［J］. 科学通报，2022，67(12)：1305-1325.

[16] Fei Han，Tiansong Wang，Guozhen Liu，et al. Materials with tunable optical properties for wearable epidermal sensing in health monitoring［J］.

Advanced Materials. 2022，2109055.
[17] 于倩倩. 纤维素基油水分离复合材料的制备及性能表征 [D]. 哈尔滨：东北林业大学，2021.
[18] 杜西领. 载银木质纳米复合材料的制备及其水处理应用[D]. 吉林：北华大学，2021.
[19] 李子程，李攻科，胡玉玲. 刺激响应聚合物在生物医药中的应用[J]. 化学进展，2017，29(12)：1480-1487.
[20] 甘文涛. 仿生构建木基磁性材料及其功能的研究 [D]. 哈尔滨：东北林业大学，2019.
[21] 邸鑫. 植物纤维基疏水 / 亲油材料制备及油水分离性能研究 [D]. 哈尔滨：东北林业大学，2020.
[22] Rongyan He，Hao Liu，Tianshu Fang，et al. A colorimetric dermal tattoo biosensor fabricated by microneedle patch for multiplexed detection of health-related biomarkers [J]. Advanced Science，2021，DOI：10.1002/advs. 202103030
[23] 梁渝廷. 温度、pH 双重响应性智能纳米纤维的制备及其药物缓释性能研究 [D]. 南宁：广西大学，2020.
[24] 刘忠明. 刺激响应型纤维素基气凝胶构筑及药物缓释性能研究[D]. 西安：陕西科技大学，2021.
[25] Kai Dong，Xiao Peng，Zhonglin Wang. Fiber/fabric-based piezoelectric and triboelectric nanogenerators for flexible/stretchable and wearable electronics and artificial intelligence [J]. Advanced Materials. 2020，1902549.
[26] 余玉卿. 手部力触觉交互技术与再现研究[D]. 长沙：东南大学，2018.
[27] 张文娟. 基于听觉仿生的目标声音识别系统研究 [D]. 长春：中国科学院长春光学精密机械与物理研究所，2012.
[28] 张旭，金伟其，裘溯. 螳螂虾视觉成像的特点及其仿生技术研究综述 [J]. 红外技术，2016，38(2)：89-95.
[29] Yingchun Li，Chunran Zheng，Shuai Liu，et al. Smart glove integrated with tunable MWNTs/PDMS fibers made of a one-step extrusion method for finger dexterity，gesture，and temperature recognition [J]. ACS Applied Materials & Interfaces. 2020，12(21)：23764-23773.
[30] 潘雨龙. 六足机器人单腿结构优化与运动学研究 [D]. 长春：吉林大学，2021.

[31] Shao G F, Hanor D A H, Shen X D, et al. Freeze casting: from low-dimensional building blocks to aligned porous structures—A review of novel materials, methods, and applications [J]. Advanced Materials, 2020, 32 (17): 1907176
[32] 冷烨，张卫平，周岁，等. 仿生蝴蝶飞行器设计分析 [J]. 机械设计与研究. 2019, 35 (04): 32-35+42.
[33] 侯冰娜，倪凯，沈慧玲，等. 自修复氧化海藻酸钠－羧甲基壳聚糖水凝胶的制备及药物缓释性能 [J]. 复合材料学报，2022, 39(01): 250-257.
[34] 齐云飞. 琼脂糖铀吸附材料的制备及其性能研究 [D]. 哈尔滨：哈尔滨工程大学，2017.
[35] 蒙彦宇. 压电智能骨料力学模型与试验研究 [D]. 大连：大连理工大学，2013.
[36] 苗恩东.碳纳米管复合薄膜的构建及其太阳能蒸发特性研究[D].北京:中国矿业大学，2019.
[37] 叶星柯，周乾隆，万中全，等. 柔性超级电容器电极材料与器件研究进展 [J]. 化学通报，2017, 80 (01): 10-33+76.
[38] 韩曦. 可拉伸自愈合离子水凝胶的制备及其在摩擦纳米发电机中的应用 [D]. 南宁：广西大学，2021.
[39] 朱翼飞. 基于光场、电场响应的薄膜构建及生物分子调控和释放研究 [D]. 杭州：浙江大学，2019.
[40] 李卫. 新型荧光开关材料的合成与性能研究 [D]. 长春：长春理工大学，2020.

作者简介

张明，女，1987 年 11 月生，中共党员，研究生学历，东北林业大学和美国宾夕法尼亚大学联合培养博士，师从李坚院士，合作导师王成毓教授、杨澍教授、时君友教授。现就职于北华大学材料科学与工程学院，仿生材料研究室负责人，副教授。自 2014 年 9 月任教以来，先后担任本科生及研究生课程近 20 门，如仿生智能材料、天然功能高分子材料、生物质纳米化学、生物质纳米复合材料组装技术等。

长期从事植物纤维素生物质的仿生特殊润湿性制备与水体净化机制、纤维素纳米纤丝化处理、改性与功能、智能性组装。先后主持吉林省发改委产业创新专项（2023C038-2）、吉林省自然科学基金项目（YDZJ202201ZYTS441）、吉林省优秀青年人才基金项目（20190103110JH）、吉林省教育厅科学技术研究项目（JJKH20210050KJ）、科技部国家重点实验室开放基金项目（K2019-08，KFKT202213）、教育部国家重点实验室开放基金项目（SWZ-MS201910）、吉林市杰出青年人才基金项目（20200104083）等科研项目。在国内外权威期刊发表论文近 50 篇，其中，SCI 收录近 40 篇（H 因子 20，二区以上近 30 篇，总影响因子大于 200，他引总频次大于 1500），出版学术著作 2 部；申请国家发明专利 10 项，美国发明专利 1 项。

作者发表的主要论文和著作

[1] **M Zhang**, C Y Wang, S L Wang, Y L Shi, J Li. Fabrication of coral-like superhydrophobic coating on filter paper for water-oil separation [J]. *Applied Surface Science*. 2012, 261: 764-769.

[2] **M Zhang**, S L Wang, C Y Wang, J Li. A facile method to fabricate superhydrophobic cotton fabrics [J]. *Applied Surface Science*. 2012, 261: 561-566.

[3] **M Zhang**, C Y Wang. Fabrication of cotton fabric with superhydrophobicity and flame retardancy [J]. *Carbohydrate Polymers*. 2013, 96: 396-402.

[4] **M Zhang**, C Y Wang, S L Wang, J Li. Fabrication of superhydrophobic cotton textiles for water-oil separation based on drop-coating route [J]. *Carbohydrate Polymers*. 2013, 97: 59-64.

[5] **M Zhang**, Y Xu, S L Wang, J Y Shi, C Y Liu, C Y Wang. Improvement of wood properties by composite of diatomite and "phenolmelamine-formaldehyde" co-condensed resin [J]. *Journal of Forestry Research*. 2013, 24 (4): 741-746.

[6] **M Zhang**, D L Zang, J Y Shi, Z X Gao, C Y Wang, J Li. Superhydrophobic cotton textile with robust composite film and flame retardancy [J]. *RSC Advances*. 2015, 5: 67780-67786.

[7] **M Zhang**, J Li, D L Zang, Y Lu, Z X Gao, J Y Shi, C Y Wang. Preparation and characterization of cotton fabric with potential use in UV resistance and oil reclaim [J]. *Carbohydrate Polymers*. 2016, 137: 264-270.

[8] **M Zhang**, J Y Pang, W H Bao, W B Zhang, H Gao, C Y Wang, J Y Shi, J Li. Antimicrobial cotton textiles with robust superhydrophobicity via plasma for oily water separation [J]. *Applied Surface Science*. 2017, 419: 16-23.

[9] **M Zhang**, C Y Wang, YH Ma, X L Du, Y H Shi, J Y Shi, J Li. Fabrication of superwetting, antimicrobial and conductive fibrous membrane for removing/collecting oil contaminants [J]. *RSC Advances*. 2020, 10: 21636-21642.

[10] **M Zhang**, D X Liang, W Jiang, J Y Shi. Ag@TiO_2NPs/PU composite fabric with special wettability for separating various water-oil emulsions

[J] .*RSC Advances*. 2020，10: 35341−35348.

[11] **M Zhang**，Q F Yang，M Gao，N Y Zhou，J Y Shi，W Jiang. Fabrication of Janus cellulose nanocomposite membrane for various water/oil separation and selective one−way transmission [J] . *Journal of Environmental Chemical Engineering*. 2021，9: 106016.

[12] **M Zhang**，Y H Shi，R J Wang，K Chen，N Y Zhou，Q F Yang，J Y Shi. Triplefunctional lignocellulose/chitosan/Ag@TiO_2 nanocomposite membrane for simultaneous sterilization，oil/water emulsion separation，and organic pollutant removal [J] . *Journal of Environmental Chemical Engineering*. 2021，9: 106728.

[13] **M Zhang**，N Y Zhou，Y H Shi，Y Ma，C C An，J Li，C Y Wang，J Y Shi. Construction of antibacterial，superwetting，catalytic，and porous lignocellulosic nanofibril composites for wastewater purification [J] . *Advanced Materials Interfaces*. 2022，2201388.

[14] **M Zhang**，L Shi，X L Du，Z R Li，C C An，J Li，C Y Wang，J Y Shi. Janus mesoporous wood−based membrane for simultaneous oil/water separation，aromatic dyes removal，and seawater desalination [J] . *Industrial Crops and Products*. 2022，188，115643.

[15] L Shi，**M Zhang**，X L Du，B X Liu，S X Li，C C An. Insitu polymerization of pyrrole on elastic wood for high efficiency seawater desalination and oily water purification [J] . *Journal of Materials Science*. 2022，57: 16317−16332.

[16] X L Du，L Shi，J Y Pang，HW Zheng，J Y Shi，**M Zhang**. Fabrication of superwetting and antimicrobial wood−based mesoporous composite decorated with silver nanoparticles for purifying the polluted−water with oils，dyes and bacteria [J] . *Journal of Environmental Chemical Engineering*. 2022，10: 107152.

[17] C Y Wang，**M Zhang**，Y Xu，SL Wang，F Liu，ML Ma，D L Zang，Z X Gao. One−step synthesis of unique silica particles for the fabrication of bionic and stably superhydrophobic coatings on wood surface [J] . *Advanced Powder Technology*，2014，25（2）: 530−535.

[18] D L Zang，F Liu，**M Zhang**，X G Niu，Z X Gao，C Y Wang. Superhydrophobic coating on fiberglass cloth for selective removal of oil from water [J] . *Chemical Engineering Journal*. 2015，262: 210－216.

[19] **张明**，王成毓. 超疏水 SiO_2/PS 薄膜于木材表面的构建 [J] . 中

国工程科学. 2014, 16（4）: 56–59.

[20] **张明**, 张文博, 时君友, 王成毓. 高强度超疏水性杨木表面的构建[J]. 科技导报. 2016, 34（19）: 149–153.

[21] 李坚, **张明**, 强添刚. 特殊润湿性油水分离材料的研究进展 [J]. 森林与环境学报. 2016, 36（3）: 257–265.

[22] **张明**. 超疏水性棉织物的合成与应用研究 [D]. 哈尔滨: 东北林业大学, 硕士论文, 2014.

[23] **张明**, 王成毓, 时君友. 超疏水性织物的构建及其多功能性 [J]. 科技导报. 2016, 34（19）: 143–148.

[24] **张明**. 仿生制备特殊润湿性和 pH 响应智能型复合材料研究 [D]. 哈尔滨: 东北林业大学, 2018.

[25] **张明**, 石燕花, 杜西领, 时君友, 李坚. 聚丙烯酸 / 木质纳米纤维素晶体 / 碱性副品红复合纤维材料的制备与 pH 响应性能研究 [J]. 化工新型材料. 2021, 49（5）: 175–179.

[26] **张明**, 杜西领, 时君友, 孙耀星, 李坚, 王成毓. 功能化木材在水污染净化领域的研究进展 [J]. 生物质化学工程. 2021, 55（2）: 60–70.

[27] **张明**, 王成毓. 仿生智能生物质复合材料制备关键技术 [M]. 北京: 化学工业出版社. 2022.

[28] 石燕花, 杜西领, 曲湲, **张明**. 抗菌－超疏水性载银纳米二氧化钛－聚氨酯复合纤维素纸膜制备及油水乳化液分离的应用 [J]. 东北林业大学学报. 2022, 50（1）: 116–122.

[29] 周凝宇, 冯力蕴, 杨青峰, 施镭, 赵钰卓, **张明**. 具有抗紫外和疏水性的荧光透明木质复合材料的制备[J]. 林产工业. 2022, 59（10）: 1–5.

[30] 赵钰卓, 王宇琦, 龙格凤, 王宁宁, 周凝宇, **张明**. 织物上 SiO_2/PEI 光子晶体生色结构的制备 [J]. 毛纺科技. 2022, 50（11）: 1–6.